__Disclaimer__

The publisher of this book is by no way associated with the National Institute of Standards and Technology (NIST). The NIST did not publish this book. It was published by 50 page publications under the public domain license.

50 Page Publications.

Book Title: Development of a Fluorescence Based Measurement Technique to Quantify Water Contaminants at Pipe Surfaces During Flow

Book Author: Mark A. Kedzierski

Book Abstract: This paper provides a detailed account of the development of a fluorescence based measurement technique for measuring the mass of contaminant on solid surfaces in the presence of water flow. A test apparatus was design and developed for the purpose of studying adsorption and desorption of diesel to and from a copper test surface in the presence of contaminated and fresh water flow, respectively. A calibration technique was developed to correlate the measured fluorescence intensity to the mass of diesel adsorbed per unit surface area (the excess surface density) and the bulk concentration of the diesel in the flow. Both bulk composition and the excess surface density measurements were achieved via a traverse of the fluorescent measurement probe perpendicular to the test surface. Two nominal bulk mass fractions (0.2 % and 0.3 %) were tested each for five different Reynolds numbers between zero and 7000. Measurements for a given condition were made over a period of approximately 200 hours. The measured diesel excess surface density varied between zero and 0.02 kg/m2 for the variation in the bulk mass fraction and Reynolds number of the flow. Freundlich constants were calculated for the various bulk mass fractions and Reynolds numbers.

Citation: NIST Interagency/Internal Report (NISTIR) - 7355

Keyword: adsorption;contaminant;diesel;excess layer;fluorescence;measurement technique;sorption;water

NISTIR 7355

Development of a Fluorescence Based Measurement Technique to Quantify Water Contaminants at Pipe Surfaces DuringFlow

Mark A. Kedzierski

National Institute of Standards and Technology
Technology Administration, U.S. Department of Commerce

NISTIR 7355

Development of a Fluorescence Based Measurement Technique to Quantify Water Contaminants at Pipe Surfaces During Flow

Mark A. Kedzierski

U.S DEPARTMENT OF COMMERCE
National Institute of Standard and Technology
Building Environment Division
*Building and Fire Research Laboratory
Gaithersburg, MD 20899-8631*

September 2006

U.S. Department of Commerce
Carlos M. Gutierrez, Secretary

National Institute of Standards and Technology
William A. Jeffrey, Director

Development of a Fluorescence Based Measurement Technique to Quantify Water Contaminants at Pipe Surfaces During Flow

M. A. Kedzierski
National Institute of Standards and Technology
Bldg. 226, Rm B114
Gaithersburg, MD 20899
Phone: (301) 975-5282
Fax: (301) 975-8973

ABSTRACT
This paper provides a detailed account of the development of a fluorescence based measurement technique for measuring the mass of contaminant on solid surfaces in the presence of water flow. A test apparatus was designed and developed for the purpose of studying adsorption and desorption of diesel to and from a copper test surface in the presence of contaminated and fresh water flow, respectively. A calibration technique was developed to correlate the measured fluorescence intensity to the mass of diesel adsorbed per unit surface area (the excess surface density) and the bulk concentration of the diesel in the flow. Both bulk composition and the excess surface density measurements were achieved via a traverse of the fluorescent measurement probe perpendicular to the test surface. Two nominal bulk mass fractions (0.2 % and 0.3 %) were tested each for five different Reynolds numbers between zero and 7000. Measurements for a given condition were made over a period of approximately 200 h. The measured diesel excess surface density varied between zero and 0.02 kg/m^2 for the variation in the bulk mass fraction and Reynolds number of the flow. Normalized Freundlich constants were calculated for the various bulk mass fractions and Reynolds numbers.

Keywords: adsorption, contaminant, diesel, excess layer, fluorescence, measurement technique, sorption, water

SECURITY NOTICE

THE MATERIAL IN THIS REPORT HAS NOT BEEN APPROVED FOR PUBLIC RELEASE, AND ITS USE IS RESTRICTED TO OFFICIAL DISTRIBUTION. WORK DESCRIBED IN THIS DOCUMENT MAY INVOLVE PROPRIETARY, NATIONAL SECURITY, OR OTHER SENSITIVE INFORMATION. INFORMATION OF THIS TYPE MAY ONLY BE RELEASED TO A PERSON WHO IS A UNITED STATES CITIZEN OR A PERMANENT RESIDENT ALIEN AND WHO IS AUTHORIZED TO RECEIVE THE INFORMATION. AUTHORIZATION MAY INCLUDE HAVING THE APPROPRIATE NATIONAL SECURITY CLEARANCE AND/OR SPECIFIC AUTHORITY TO RECEIVE SUCH INFORMATION. SPECIFIC APPROVAL BY DIVISION OR LABORATORY MANAGEMENT IS REQUIRED BEFORE ANY INFORMATION ARISING FROM THIS WORK IS DISCLOSED AS PER THE REQUIREMENTS OF THE NIST TECHNICAL COMMUNICATIONS PROGRAM (ADMIN MANUAL §4.09).

LIST OF TABLES

ABSTRACT	4
EXPERIMENTAL APPARATUS AND UNCERTAINIES	9
TEST FLUIDS	11
MEASUREMENTS AND UNCERTAINTIES	12
Fluorescence/Mass Calibration	*12*
Application of Calibration	*15*
Air Gap Calibration	*17*
MEASUREMENT RESULTS	17
Excess Layer Thickness	*17*
Freundlich Constants	*19*
DISSCUSSION	20
CONCLUSIONS	20
NOMENCLATURE	22
English Symbols	*22*
Greek symbols	*22*
English Subscripts	*22*
Superscripts	*23*
REFERENCES	24
APPENDIX A: EXCITATION AND EMISSION WAVELENGTHS	38
APPENDIX B: DIESEL PROPERTIES	40
Liquid Density	*40*
Kinematic Viscosity	*40*
APPENDIX C: HYDROLYZED DIESEL	43
APPENDIX D: FLUORESCENCE TEMPERATURE DEPENDENCE	45
APPENDIX E: FLUORESCENCE CALIBRATION	46
APPENDIX F: LINEAR BEER LAW	51
APPENDIX G: UNCERTAINTIES	53
APPENDIX H: TABULATED MEASUREMENTS	55
APPENDIX I: SPECTROFLUOROMETER CHECK	81

LIST OF FIGURES

Fig. 1 Schematic of test loop..25
Fig. 2 Schematic of spectrofluorometer, test section, and linear positioning device......26
Fig. 3 Schematic of right angle spectrofluorometer..27
Fig. 4 Cross-sectional illustration of test section during contamination and flushing...28
Fig. 5 Schematic of fluorescence/composition calibration jar 27
Fig. 6 Overall calibration of Beer-Lambert Bougher law for diesel on copper disk......30
Fig. 7 Demonstration of excess layer thickness measurement..31
Fig. 8 Effect of exposure time and flow rate on thickness of the diesel excess layer for a 0.2 % bulk freestream mass fraction...32
Fig. 9 Effect of exposure time and flow rate on thickness of the diesel excess layer for a 0.3 % bulk freestream mass fraction...33
Fig. 10 Diesel excess layer thickness as a function of Re for water/diesel (99.8/0.2)....34
Fig. 11 Diesel excess layer thickness as a function of Re for water/diesel (99.7/0.3)....35
Fig. 12 Normalized Fruendlich constants for diesel adsorption to an oxidized Cu disk from diesel contaminated water..36
Fig. A.1 Emission and excitation spectra for diesel...38
Fig. A.2 Filtered excitation and emission spectra for diesel...39
Fig. B.1 Measured liquid density of diesel and fit...41
Fig. C.1 Fluorescent emission spectra for pure diesel and hydrolyzed reservoir test fluid...43
Fig. D.1 Temperature dependence of diesel fluorescence...45
Fig. E.1 Calibration of diesel fluorescence against diesel mass fraction for different runs 48
Fig. E.2 Filtered excitation and emission spectra for diesel...49
Fig. E.3 Calibration of diesel fluorescence intensity for fixed film thickness and air gap between quartz tube and liquid film...50
Fig. F.1 Absorbance of diesel for calibration measurements as a function of mass.......... fraction..52
Fig. G.1 Relative uncertainty of le for 95 % confidence level and xb = 0.2 %................53
Fig. G.2 Relative uncertainty of le for 95 % confidence level and xb = 0.3 %................54
Fig. I.1 Verification of spectrofluorometer wavelength with Mercury standard..........82

LIST OF TABLES

Table B.1 Diesel liquid density measurements (file:DieDen.dat)...........42
Table B.2 Diesel #2 liquid kinematic viscosity measurements (Simplex, 2006)............42
Table H.1.1 Diesel contamination on oxidized copper surface for Re = 0 and x_b = 0.2 %...........55
Table H.1.2 Diesel contamination on oxidized copper surface for Re = 1900 and x_b = 0.2 %...........56
Table H.1.3 Diesel contamination on oxidized copper surface for Re = 3200 and x_b = 0.2 %...........57
Table H.1.4 Diesel contamination on oxidized copper surface for Re = 4600 and x_b = 0.2 %...........58
Table H.1.5 Diesel contamination on oxidized copper surface for Re = 7000 and x_b = 0.2 %...........59
Table H.1.6 Tap water flushing after Re = 4600 contamination tests at x_b = 0.2 %......60
Table H.1.7 Diesel contamination on oxidized copper surface for Re = 0 and x_b = 0.3 %...........61
Table H.1.8 Diesel contamination on oxidized copper surface for Re = 2000 and x_b = 0.3 %...........62
Table H.1.9 Diesel contamination on oxidized copper surface for Re = 4000 and x_b = 0.3 %...........63
Table H.1.10 Diesel contamination on oxidized copper surface for Re = 5000 and x_b = 0.3 %...........64
Table H.1.11 Diesel contamination on oxidized copper surface for Re = 7000 and x_b = 0.3 %...........65
Table H.1.12 Tap water flushing after Re = 5000 contamination tests at x_b = 0.3 %.....66
Table H.1.13 Tap water flushing after Re = 7000 contamination tests at x_b = 0.3 %.....67
Table H.2.1 Diesel contamination on oxidized copper surface for Re = 0 and x_b = 0.2 %...........68
Table H.2.2 Diesel contamination on oxidized copper surface for Re = 1900 and x_b = 0.2 %...........69
Table H.2.3 Diesel contamination on oxidized copper surface for Re = 3200 and x_b = 0.2 %...........70
Table H.2.4 Diesel contamination on oxidized copper surface for Re = 4600 and x_b = 0.2 %...........71
Table H.2.5 Diesel contamination on oxidized copper surface for Re = 7000 and x_b = 0.2 %...........72
Table H.2.6 Tap water flushing after Re = 4600 contamination tests at x_b = 0.2 %.....73
Table H.2.7 Diesel contamination on oxidized copper surface for Re = 0 and x_b = 0.3 %...........74
Table H.2.8 Diesel contamination on oxidized copper surface for Re = 2000 and x_b = 0.3 %...........75
Table H.2.9 Diesel contamination on oxidized copper surface for Re = 4000 and x_b = 0.3 %...........76
Table H.2.10 Diesel contamination on oxidized copper surface for Re = 5000 and x_b = 0.3 %...........77

Table H.2.11 Diesel contamination on oxidized copper surface for Re = 7000 and x_b = 0.3 %..78
Table H.2.12 Tap water flushing after Re = 5000 contamination tests at x_b = 0.3 %.....79
Table H.2.13 Tap water flushing after Re = 7000 contamination tests at x_b = 0.3 % (file:flsh6c2.tb2)..80
Table I.1 Calibration check of spectrofluorometer against Mercury lamp...................881

INTRODUCTION

Since the signing of the Executive Order establishing the Office of Homeland Security, Federal agencies have been working on ways to improve the security of the general public. One way in which the National Institute of Standards and Technology (NIST) is doing its part is by helping the U.S. Environmental Protection Agency (EPA) devise ways to safeguard the nation's drinking water supply. EPA is conducting potable water research with NIST on six different efforts. This report describes one of those efforts designed to fundamentally understand the attachment and detachment mechanisms of contaminants to solid plumbing materials under dynamic water flow conditions. The results of this work provide EPA with an investigative tool to support the development of a response to water contamination events and a potential detection technique for timely warning of such events.

The purpose of this study is to apply a NIST fluorescence based measurement technique that was developed for measuring the mass of lubricant at the wall during boiling of refrigerants (Kedzierski, 2001) to measuring the mass of diesel on a copper pipe surface in the presence of flowing water/diesel mixture. In this way, we not only gain vital fundamental modeling information but we lay the groundwork for a possible early detection/monitoring system for sticky contaminants. Two major efforts have been focused toward the development of an in situ fluorescent measurement technique. First, a calibration technique was developed specifically for quantifying the amount of diesel on a copper pipe surface. Second, a water loop was designed and constructed consisting of a test chamber for subjecting small samples of pipe substrate materials to known concentrations of diesel/water solutions under controlled dynamic flow conditions. These two efforts have formed the foundation for future work that will focus on using the water loop and the calibration technique to measure the accumulation and removal of diesel as a function of free-stream diesel concentration and flow rate.

Commercial diesel was used rather than a chemically simpler surrogate in order to demonstrate the use of the technique with an actual potential contaminant. Diesel was also a desirable test contaminant because it has been found to exhibit a strong fluorescence. However, because of the complexity and the variability of diesel, the diesel for the project was restricted to a single batch. In this way, we can ensure the consistency of the properties of pure diesel[1] such as its liquid density and fluorescence characteristics.

EXPERIMENTAL APPARATUS AND UNCERTAINIES

The standard uncertainty (u_i) is the positive square root of the estimated variance u_i^2. The individual standard uncertainties are combined to obtain the expanded uncertainty (U), which is calculated from the law of propagation of uncertainty with a coverage factor. All measurement uncertainties are reported at the 95 % confidence level except where specified otherwise.

Figure 1 schematically shows the flow loop for measuring diesel on pipe substrates. The primary components of the loop are the pump, the reservoir, and the test chamber with the test section. The inside surfaces of the approximately 96 mm x 1.6 mm rectangular flow cross-section of the aluminum test chamber, shown in Fig. 2, were black anodized to

---

[1] "Pure diesel" is used here to denote that the particular batch of diesel, which will be consistently used throughout this project, is not mixed with water.

minimize stray light reflections. The channel was designed to have the same flow area as a 13 mm diameter copper tube. The test chamber had a circular cavity to accept the solid pipe test section. The height of the channel was 1.6 mm so that the probe could be flush to the top of the test section while maintaining proximity to the test surface for measurement purposes without being an obstruction to the flow. A centrifugal pump delivered the contaminated water to the entrance of the rectangular test chamber at room temperature. The pump head was removable so that it could be easily replaced in order to test a different contaminant. The flow rate was controlled and varied by varying the pump speed with a frequency inverter. A heat exchanger immersed in the reservoir was supplied with brine from a temperature-controlled bath to maintain the entrance temperature to the test chamber at ambient temperature (293.8 K). This was done to ensure that the diesel was at the same temperature as it was during the fluorescence calibration to avoid the temperature effect on fluorescence (Miller, 1981). An additional temperature-controlled bath was used to maintain the fluorescence standards at the same ambient temperature.

Residential copper pipe was used to plumb together the various components of the loop. Redundant volume flow rate measurements were made with an ultrasonic doppler and a turbine flowmeter with expanded uncertainties of $\pm\, 0.12$ m^3/h and $\pm\, 0.03$ m^3/h, respectively. As shown in Fig. 1, three water pressure taps before and after the test chamber permit the measurement of the upstream absolute pressure and the pressure drops along the test section with expanded uncertainties of $\pm\, 0.24$ kPa and $\pm\, 1.5$ kPa, respectively. Also, a sheathed thermocouple measured the water temperature at each end of the test chamber to within an uncertainty of $\pm\, 0.25$ K. The dissolved oxygen level, the conductivity, and the pH, were monitored at the water reservoir with associated B-type uncertainties of $\pm\, 0.5\,\%$, $\pm\, 50\,\mu$ $(\Omega\text{cm})^{-1}$, and $\pm\, 0.3$, respectively.

Figure 1 also shows the inlet and exit taps that were used to flush the test section with fresh tap water. In preparation for flushing, the test section was isolated with valves from the rest of the test loop. Then the fluid was drained from the test chamber and returned to the reservoir. Next, a tap water supply was connected to a test chamber port. The other test chamber port was connected to a filter to absorb any diesel before it was sent to a drain.

Figure 2 shows a view of the spectrofluorometer that was used to make the fluorescence measurements and the test chamber with the fluorescence probe perpendicular to the flattened pipe test surface. Figure 3 shows a simplified schematic of the right angle spectrofluorometer consisting of a xenon light source, an excitation and an emission monochromator, and an emission photomultiplier tube (detector). The spectrofluorometer was designed to accept 45 mm × 10 mm × 10 mm fluorescent samples or cuvettes filled with fluorescent material. A special adapter with lenses and mirrors, which replaced the cuvette holder, was fabricated to remotely excite and measure fluorescence via a bifurcated optical bundle. Two optical bundles consisting of 84 fibers each originated from the spectrofluorometer. One of the bundles transmitted the excitation light, i.e., the incident intensity (I_o), to the test pipe surface. The other bundle carried the emission, i.e, the fluorescence intensity (F), from the test surface to the spectrofluorometer. The optical bundles originating from the spectrofluorometer merge transmitting and receiving fibers randomly into a single probe before entering the test section chamber. The sensor end of the fluorescence probe is sheathed with a quartz tube to protect it from reacting with the contaminant in the test fluid.

As the name suggests, right angle spectrometry was designed to limit the interference of the excitation signal on the emission signal by orientating the detector perpendicular to the beam of the emission monochromator. Considering this, the parallel configuration of the excitation and emission at the measuring end of the bifurcated optical bundle as shown in Fig. 2 is not ideal but was necessary for this application. The parallel configuration allows the reflection of the excitation from the copper surface to be transmitted through the emission fiber optics and to the detector. This can be a serious limitation given that the reflected excitation can overwhelm the emission signal even if the emission wavelength (λ_m) and the excitation wavelength (λ_x) differ because: (1) the excitation intensity can be several orders of magnitude greater than that of the fluorescence emission, and (2) the filtering process of the emission monochromator is not complete enough to entirely remove the reflected wave. The filtering process of the monochromator supplies the detector with an intensity that is distributed about the desired wavelength but with relatively small tails at larger and smaller wavelengths. Consequently, if the excitation intensity is very large, the tails of the excitation distribution can be greater than the peak emission intensity. A successful remedy for reducing the interference of the excitation signal was to place a 10 nm bandwidth bandpass interference filters at the exit of the excitation monochromator and one before the entrance to the excitation monochromator. Figure 3 schematically shows the placement of the bandpass interference filters.

The excitation wavelength and the emission wavelength were set to 434 nm and 485 nm, respectively, for all tests. As Appendix A details, the choice of these wavelengths ensured that a significant and measurable emission signal was obtained with no measurable overlap of the excitation and emission spectra.

TEST FLUIDS
A 2 % by mass diesel mixture was prepared with local Gaithersburg, MD tap water and the mixture was left to form a colloid for approximately 3 months to provide sufficient time for the diesel and the water to reach equilibrium. While the method of preparation may not reflect the most likely contamination scenario, the methodology does provide a consistent test fluid for examining the effect of flow rate on contamination because the flow rate is varied for fixed fluid properties. The measured dissolved oxygen level, the conductivity, and the pH, of the water at 24 °C before mixing with diesel were found to be, 86.4 %, 358 $\mu\Omega$/cm, and 7.04, respectively. Number 2 diesel fuel was used from a single batch throughout the experiment to avoid property variations that might be caused by batch variations due to it being a complex mixture of hydrocarbons. Appendix B provides the measured viscosity and density of the pure diesel liquid.

Because diesel is a complex mixture, its hydrolysis results in a dispersed phase of differing components that reside in separate regions of the colloid depending on the density, dispersion size, and hydrophobic nature of each component. If quiescent, the test reservoir had a stable Brownian suspension within the bulk water, which likely differed chemically from the dispersed phase that floated on top of the bulk liquid, and that which rested on the bottom of the reservoir. The result of and the evidence for a chemical breakdown of the diesel is given in Appendix C, which shows that the peak fluorescence emission for the emulsified water diesel mixture taken from the reservoir exists at a wavelength that is 25 nm greater than that of pure diesel. Because of the hydrolysis of diesel, positive and/or negative bias errors are likely to occur in the mass measurement depending on the individual spectra of the fluorescing components of the hydrolyzed diesel. For example, a positive bias error may result because nonfluorescent components that contributed to the diesel mass during the calibration may not deposit on the surface. Likewise, a negative bias error may occur because the peak intensity of the fluorescent material on the test surface has shifted from that of the calibration.

The hydrolysis of the diesel and the configuration of the inlet and the outlet of the reservoir influence the flow in the test section. As shown schematically in Fig.1, the opening of the pump suction line in the reservoir is situated approximately 10 mm below the liquid-air interface. This design entrains the hydrolyzed diesel floating on the water surface with that in the bulk water, and on the bottom of the reservoir into the pumped flow. The return flow entering the bottom of the reservoir ensured good flow mixing. Figure 4 depicts the colloidal flow within the test section and the fluorescent measurement probe above it for the contamination and decontamination test conditions. The size of the droplets in the dispersed flow is exaggerated for illustration purposes. Both test conditions are shown to have an excess layer thickness (l_e) of undiluted hydrolyzed diesel adsorbed to the test surface. Because the molar mass of the diesel is unknown, the surface excess density (Γ) is defined in the work on a mass basis as (Kedzierski, 2001):

$$\Gamma = t_{edb}\rho \qquad (1)$$

The density of liquid diesel is ρ_d. The density of the bulk mixture ρ_b is evaluated at the bulk mass fraction of the mixture (x_b). The surface excess density is roughly the mass of diesel attached per surface area. The Γ and l_e are the primary measurements of this study.

MEASUREMENTS AND UNCERTAINTIES
Fluorescence/Mass Calibration

Fluorescence as a means for detecting a contaminant has its advantages in that its absorption and fluorescence spectra are like a fingerprint that can be used in its identification. Consequently, by isolating the wavelength of light that the contaminant fluoresces, its intensity can be used to identify its mass. This is true even when the contaminant is mixed with another fluorescent or nonfluorescent substance as long as the fluorescent substance does not absorb and emit at the same wavelengths as the contaminant. For this reason, the tap water was examined and it was not found to fluoresce at any wavelength for any excitation wavelengths between the range or 200 nm and 800 nm. Consequently, interference from water is not possible via it contributing to the intensity of the fluorescence signal.

The calibration technique that was developed here for detecting the mass of diesel on a copper surface exposed to a flowing dilute mixture of diesel in water is introduced in the following. Two different calibration methods had to be combined due to the additional complexity caused by immiscible liquids. Both calibration techniques were used to quantify different functional aspects of the Beer-Lambert-Bougher law (Amadeo et al., 1971), which forms the basis of the calibration equation. The first method is essentially the same as the original NIST calibration method that was used to detect lubricants on boiling surfaces (Kedzierski, 2002). This methodology was used to obtain the relationship between diesel composition and fluorescence intensity for a fixed light path length (fixed probe height above the test surface).[2] The second method, that was developed in this study, relies on a perpendicular traverse of the flow stream with the measurement probe. To achieve this, a linear positioning device with a graduated knob was adapted to the quartz tube as shown in Fig. 2. The second method (traverse method) is used to calibrate the effect of contaminant thickness (path length) and the proximity of incident intensity. The traverse method is essential for splitting the total measured fluorescent intensity into two components: that from the diesel on the test surface and that from the diesel in the bulk flow stream. In this way, the mass of diesel on the test surface and the composition of the fluid stream are determined.

Figure 5 shows the vessel that was used in the first method to calibrate the fluorescence intensity received from the bifurcated optical bundle against the mass fraction of diesel. The lid of the 150 mL black, anodized, metal jar had a port for evacuation[3] and filling of the test sample and a fitting to seal around the stainless tube that pierced the lid. The stainless tube had a quartz tube and a quartz bottom welded to its end and it was the same type that was used in the test chamber of Fig. 2. A disk of copper pipe material was placed on the bottom of the jar. By using the same material and surface roughness, the disk and the test pipe had the same reflective properties. Copper from a flattened pipe was evenly oxidized by electrolysis and soldered to the top of the calibration disk that had circumferentially machined grooves for sealing in the test chamber. The same disk was used as the calibration disk and the test surface to compensate for unknown surface effects. The distance between the top of the calibration disk and the bottom of the quartz tube was set with the aid of a 1.6 mm Teflon[4] gauge disk and micrometer dial indicators. This fixes the path length of the fluorescence and the mass of fluorescent liquid below the probe. During calibration, the jar and the portion of the quartz tube above the lid were covered with black insulation to prevent the optical probe from receiving ambient light. The probe rested on the inside-bottom of the quartz tube.

Three jars were used to calibrate the mass fraction of diesel to the fluorescent intensity. Two jars were used as standards to set the lower (0) and upper (100) limits of the intensity signal on the spectrofluorometer. A jar that contained only pure water was used to zero the intensity. Because light intensities are additive, the zeroing ensured that the reflected

---

[2] The first method would have been sufficient had the bulk composition of the flow remained the same as it was charged in the reservoir. Due to the immiscibility of the two fluids, the bulk composition of the flow differs from that in the reservoir.

[3] It has been found that weak evacuation of a vessel containing diesel does not measurably change its fluorescent characteristics.

[4] Certain trade names and company products are mentioned in the text or identified in an illustration in order to adequately specify the experimental procedure and equipment used. In no case does such an identification imply recommendation or endorsement by the National Institute of Standards and Technology, nor does it imply that the products are necessarily the best available for the purpose.

excitation wave and other effects were not attributed to fluorescence. A second jar that contained pure diesel was used to set the intensity on the spectrofluorometer to 100. The third jar was used to measure and record the intensity of various mixtures of diesel and nonfluorescent n-decane of different concentrations. N-decane was used instead of water because it was miscible with diesel and also non-fluorescent. As an additional precaution, all raw-measured intensities (F_r) were numerically normalized by the intensity from the zero-jar (F_0) and the maximum-jar (F_{100}):

$$F = \frac{F_r - F_0}{F_{100} - F_0} \quad (2)$$

where the intensity of the contamination data was adjusted (see Appendix D) by no more than 0.3 % to account for the small (typically within ± 1 K) difference in temperature between the test section and the bath containing the maximum- and the zero-jars. The maximum correction for the flushing data was greater (1.5 %) than for the contamination measurements due to the colder temperature of the house tap water.

Evacuation of the jar was done to prevent fluorescence quenching by oxygen (Guilbault, 1967). N-decane was used because it is miscible with diesel. Calibration measurements proceed by successively adding or removing diesel in appropriately small increments. As shown in Appendix E, the fluorescence intensity was fitted linearly with respect to the diesel mass fraction to within a residual standard deviation of ± 1.2 %.

The second calibration method involved pure diesel alone and varying the thickness of the diesel below the quartz probe to determine the effect of the proximity of the incident light (I_o) and its path length (l). For these tests, the probe was traversed through the diesel and diesel thickness below the quartz probe was synonymous with the path length. As shown in Fig. 2, a linear positioning device with a graduated knob was used to locate the quartz tube relative to the test surface and thus measure the path length of the incident light through the diesel. The measured fluorescent intensity versus the path length was non-linear as shown in Appendix E. Given that the intensity versus mass fraction followed a linear relationship, the nonlinear aspect of the intensity versus l was due to the variation in the incident intensity with l. For this reason, further calibrations were done with fixed diesel film thickness and variable path lengths and it was observed that $\frac{1}{F}\frac{dF}{dl}$ was approximately constant for all ranges of the F and l traverse data for fixed diesel film thickness. This demonstrates the exponential dependence of I_o with the proximity of the probe to the diesel (l) and that this was the cause of the nonlinear calibration with respect to l. The I_o path length effect is known as excitation absorbance (Herman, 1998), which results from the diesel nearest to the light source receiving more excitation than the diesel that is further away.

The linear form of the Beer-Lambert-Bougher law (Amadeo et al., 1971) was used to correlate the measured intensity of the fluorescence emission (F) to the mass of diesel:

$$F = I_o 2.3 c \varepsilon \varepsilon \quad [\quad 0.05] \quad (3)$$

Here c is the concentration of the fluorescent diesel, which can be rewritten as a product of the bulk contaminant (diesel) mass fraction (x_b) and the bulk liquid mixture density (ρ_b) divided by the molar mass of the contaminant (M_c). Appendix F shows that the linear criteria for eq. (3) ($\varepsilon c l \leq 0.05$) is satisfied for 78% of the calibration data and the absorbance ($\varepsilon c l$) did not exceed 0.063. In addition, the use of the full, nonlinear Beer-Lambert-Bougher law did not reduce the residual standard deviation of the fit. Consequently, use of the linear form of the law is justified.

The mixture densities were calculated on a linear mass weighted basis. The quantum efficiency of the fluorescence (Φ), the extinction coefficient (ε), the intensity of the incident radiation (I_o), and the M_c are all unknowns that are lumped into two regression constants and an exponential term to give the regressed calibration of F against x_b for diesel as:

$$F l x l = \frac{2.3 I_o \Phi \varepsilon}{M_c} x_b \rho_b \; 1.04735 \left[\frac{m^2}{kg}\right] \; e^{-209.23 m^{-1} l} \quad (4)$$

Equation (4) shows that $2.3 I_o \Phi \varepsilon M_c^{-1} \; 1.04735 [m^2 kg^{-1}] \; e^{-209.23 m^{-1} l}$. The uncertainty of the calibration given in eq. (4) is approximately $\pm 0.2\%$ of F for the 95 % confidence level.

Figure 6 shows that the resulting calibration for the flow conditions is linear. The regression of the same measurements against the Beer-Lambert-Bougher law (Amadeo et al., 1971) gave a greater fit uncertainty suggesting that the linear fit is more appropriate.

<u>Application of Calibration</u>
Given that Γ and l_e are the primary measurements of this study, the main use of the calibration is to solve for these parameters. For the case where the diesel remains completely immiscible with water and has a strong affinity for metal surfaces, an excess layer of pure diesel will form on the pipe surface of thickness l_e.

Equation 3 can be rearranged to solve for the diesel excess layer thickness by setting the mass fraction, and the mixture density to reflect the properties of pure diesel:

$$l_e = A_0 + A_1 l + \frac{F}{2.3 I_o \Phi \varepsilon \rho_{cd}^{-1}} \quad (5)$$

As shown in Fig. 7, l_e can be regressed to eq. (5) using measurements of F for given values of path length (l) and plotted versus l. The two example F versus l data sets shown in Fig. 7 were obtained by moving the optical bundle closer to the test surface in order to vary the path length. As illustrated by the open circles, most of the resulting values of l_e for a given data set were directly proportional to l; hence, a linear relationship with respect to l including fitting constants A_0 and A_1 is shown on the rightmost side of eq. (5). Although, eq. (5) can be used to calculate as many values of l_e as long values of F and l can be supplied, it is valid only for when the path length and the excess layer thickness coincide (for non-zero bulk compositions) because it has been derived for pure diesel. This condition can be met by setting l to l_e in the rightmost portion of the eq. (5) and solving for l_e:

$$l_e = \frac{A_0}{1-A_1} \qquad (6)$$

For traverse data sets that are not linear for the full range of l, as illustrated by the open square symbols in Fig. 7, only the data that is approximately linear near the wall was used to generate constants A_0 and A_1.

Equation 6 is necessary only for a non-zero bulk mass fraction (x_b). For flushing tests, where $x_b = 0$, eq. (5) is valid for all $l \geq l_e$. Consequently, the excess surface density of diesel for flushing tests is obtained from an average of the l_e obtained from eq. (5) and the traverse measurements.

As shown in Appendix G, roughly 85 % of the l_e measurements have a relative uncertainty of less than 25 % for the 95 % confidence level. For these measurements the average uncertainty of l_e is approximately ± 7 % of l_e. Overall, the average uncertainty of l_e was approximately ± 0.2 μm.

The bulk mass fraction can be obtained by dividing the total fluorescence signal (F) into its components along the path length while assuming a uniform bulk mass fraction. The total intensity is the sum of that contributed by the bulk concentration ($F_l(x_m = x_b)$) for the entire path length and that in the diesel excess layer ($F_{le}(x_m = 1)$) minus the intensity that would have been due to the bulk concentration but did not occur because it was displaced by the excess layer ($F_{le}(x_m = x_b)$)

$$F = F_l(x_m = x_b) + F_{le}(x_m = 1) - F_{le}(x_m = x_b) \qquad (5)$$

Substitution of eq. (4) into the components of the above equation and grouping like terms gives:

$$F = \text{[eq. 8]} \qquad (8)$$

Here ρ_d is the density of liquid diesel.

When the expression for the linearly mass fraction weighted ρ_b is subsitituted into eq. (8), its solution is quadratic in x_b with only one root that is less than or equal to 1.

$$x_b = \frac{1}{2}\left(1 + \frac{\rho_d}{\rho_w}\right) - \sqrt{\cdots} \qquad (9)$$

where ρ_w is the density of liquid tap water. The average uncertainty of x_b was approximately ± 0.002.

Air Gap Calibration

A secondary methodology was developed that relies on the gradient of F rather than its absolute value in order to confirm the measurement of l_e as obtained from eq. (5) or eq. (6). The advantage of a gradient approach would be the elimination of a bias error on the measurement of F if it existed. As shown in Fig. 4, part of the excitation is reflected from the diesel-air interface and is not available to enduce flourescence. Consequently, the calibration must be adjusted to account for the air gap during the drained test chamber measurements. Appendix E provides the derivation of the air-gap l_e and the result is given here as:

$$l_e = \frac{-0.0121\text{m}\frac{dF_{ag}}{dl}M_\varepsilon}{2.3 I_y \Phi \varepsilon \rho_{mm}} \qquad 0.01156\frac{\text{kg}}{\text{m}}\frac{\frac{dF_{ag}}{dl} \; 209.23\text{m}^{-1} l}{x_{min}\rho} \qquad (10)$$

MEASUREMENT RESULTS
Excess Layer Thickness

The test apparatus shown in Fig. 1 was used to submit an oxidized copper disk to exposure tests with two different bulk concentrations of diesel in tap water under varying flow conditions. More specifically, contamination measurements over an approximate 200 h time period were made for five different Reynolds numbers varying from 0 to 7000:

$$\text{Re} = \frac{4m}{\mu_b p_w} \qquad (11)$$

where the wetted perimeter of the channel was 195 mm, the viscosity of the mixed bulk flow (μ_b) was calculated using a nonlinear mixture equation, and the mass flow rate (m) was obtained from the turbine meter. Flushing measurements were done for a fixed Re of approximately 5000. The range of Reynolds numbers result from using a range of volume flow rates that a half-inch diameter tube would experience in typical buildings. After each contamination tests, the test surface was cleaned with acetone and clean tap water. Appendix H provides tabulated measurements for both the raw and reduced data.

Figures 8 provides the measured diesel layer thickness as caused by an exposure to a flowing water/diesel (99.8/0.2) mixture, i.e., diesel at approximately 0.2 % bulk mass fraction (2000 ppm). The exposure time is the duration of exposure of the test surface to the flow starting from when the clean surface was first exposed to a particular flow condition. For all flow rates and exposure times, the average l_e for $x_b = 0.2$ % obtained from the eq. (6) methodology was approximately 2.3 µm.

Figures 9 provides the measured diesel layer thickness as caused by an exposure to a flowing water/diesel (99.7/0.3) mixture, i.e., diesel at approximately 0.3 % bulk mass fraction (3000 ppm). A much larger variability in the measurements is evident for the 0.3 % mass fraction than for the 0.2 % mass fraction condition. For all exposure times and Re, the average l_e for x_b = 0.3 % was approximately 7.4 μm, which is 5.1 μm (222 %) thicker than the average thickness observed for the 0.2 % mass fraction tests.

Figure 10 crossplots all of the excess layer measurements of Fig. 8 as a function of Re. Figure 10 shows that the maximum diesel excess layer thickness of approximately 8 μm occurred at a Re near 4800. For Re larger and smaller than 4800, the diesel excess layer was thinner. For example, the l_e for Re near 1900 and 3800 was approximately 1 μm, which is nearly eight times less than the maximum l_e. The l_e for Re greater than 6000 was approximately 3 μm. Figure 11 crossplots all of the excess layer measurements of Fig. 9 (the 0.3 % mass fraction tests) as a function of Re. Figure 11 shows that the maximum film thickness of approximately 26 nm occurred at a Re of approximately 4000. Consequently, a maximum for the diesel adsorption exists near a Re of 4000 for both freestream concentrations. The dashed lines given in Figs. 10 and 11 represent the maximum measured excess layer for each range of Re tests. The variation in Re for a given set of tests for "fixed" Re was caused by an approximate 1 % variation in the water temperature during startup and the an approximate 15 % variation in the water flow during the nearly 200 h test duration.

Filled symbols in Figs. 8 and 10, shown between 150 h and 200 h, represent l_e measurements that were made at the end of the exposure tests after the test section was drained using the air-gap technique as a secondary measurement technique. For the water/diesel (99.8/0.2), mixture all three of the drain checks were within ± 1.5 μm of the measurements that were made while the test fluid was flowing. For example, for the air-gap check obtained using eq. (10) for the Re near 7000 condition produced a l_e near 3 μm, while the last measurement made with eq. (6) produced a l_e near 3.7 μm. Similarly, eq. (6) produced a l_e of approximately 2 μm for both the no-flow and the 3200-Re tests, while the eq. (10) check resulted in 3.5 μm and 1 μm for l_e, respectively. For the water/diesel (99.7/0.3) mixture, all three of the drain checks for the flushing data were also within ± 1.5 μm of the measurements that were made while the test fluid was flowing giving 0.5 μm and -0.5 μm, respectively. However, the agreement between the empty and filled test chamber tests was not as good for the water/diesel (99.7/0.3) mixture for the 7000-Re contamination measurements. For example, the air-gap check for the Re near 7000 condition produced a l_e near 5 μm, while the last measurement made with eq. (4) produced a l_e near 2 μm.

Flushing tests done after the water/diesel (99.8/0.2) 4800-Re contamination tests are shown in Fig. 8. The flushing measurements start at an l_e near 6.5 μm, which agrees with the value of l_e at the end of the 4600-Re contamination tests, thus, confirming the repeatability of the measurement technique. The l_e decreased from approximately 6.5 μm to approximately 1.5 μm after flushing for approximately 55 h. This corresponds roughly to a 0.09 μm/h removal rate and a 77 % reduction of the total diesel thickness over 55 h.

The flushing tests shown in Fig. 10 performed after the 5000-Re water/diesel (99.7/0.3) contamination tests, likewise start at approximately the same l_e (1.5 μm) as where the previous contamination test ended, again demonstrating good repeatability. After approximately 20 h of flushing, the 5000-Re contaminant thickness was reduced to approximately –0.5 nm. Given the uncertainty of the measurement, most all of the diesel has been removed by flushing with clean tap water. The removal rate achieved after the 5000-Re, 0.3 % mass fraction (3000 ppm) contamination tests (0.1 μm/h) agrees closely with that achieved for the flushing tests done after the 4600-Re, 0.2 % mass fraction (2000 ppm) contamination tests. This suggests a constant removal rate of approximately 0.1 μm/h of diesel from a copper surface for a flushing Re of 5000 that is independent of initial thickness and original contamination concentration. No removal rate could be calculated for the flushing tests done after the 7000-Re water/diesel (99.7/0.3) because the tests produced an l_e near –0.5 nm for nearly all measurement times.

Freundlich Constants

For sorption systems, the Freundlich constant (K) relates the equilibrium solid-phase concentration (c_s) to the equilibrium concentration of the bulk liquid-phase (c_l) as (Schwarzenbach et al., 2003):

$$c_s = K c_l^n \quad (12)$$

where the Freundlich exponent (n) determines the rate of sorption to the solid surface.

Equation 12 can be rewritten in terms of the excess surface density and the mass fraction of the bulk liquid as:

$$\Gamma = \frac{K}{a_s M_c} \left(x_{bl} \rho \right)^n = \hat{K} (x_{bl} \rho)^n \quad (13)$$

where the constant a_s is the specific surface area of the solid defined as the surface area per mass of solid. Here K is normalized by the constant a_s and the molar mass of the contaminant raised to the n^{-1} power ($M_c^{n^{-1}}$) to give $\hat{K}$.

Because the present measurements do not sufficiently span the free stream concentration variable to accurately determine the Freundlich exponent, it was assumed that the diesel-water-copper system behaved as one with constant sorption free energies giving a linear isotherm with n = 1. Using this assumption, the normalized "Freundlich constants" were obtained by averaging measurements for a particular Re test for exposure times greater than 50 h in order to approach an equilibrium or steady state value for $\hat{K}$. All of the l_e measurements, for a given Re test, appeared to be nearly constant after 50 h of exposure. Consequently, it was assumed that a balance between diesel deposition and removal had been achieved.

Figure 12 shows the normalized Freundlich constant as a function of Re for the two different bulk concentrations of this study. The figure shows that $\hat{K}$ varies between near zero to values approaching 0.015 m. For Re less than 4000, the $\hat{K}$ behaves as expected with values for the 0.3 % bulk mass fraction being larger than those for the 0.2 % bulk mass fraction. However, for Re greater than 4000, the opposite behavior is observed, with $\hat{K}$'s for the 0.2 % mass fraction being larger than those for the 0.3 % mass fraction. Considering that a Re of 4000 is beyond the transition Re (from laminar to turbulent flow)[5] and within the transition region, no explanation can be offered at this time for the crossover phenomenon.

DISCUSSION
Because of its derivation from thermodynamics, the Freundlich constant given in eq. (12) is associated with chemical and/or physical equilibrium between the liquid-phase and the solid-phase concentrations. The measured phenomenon of the present study cannot be expressed in terms of a solid-phase concentration. The solid is not soluble with respect to the contaminant. Rather, the contaminant is located at the solid surface. As a result, the normalized "Freundlich constant" given by eq. (13) ($\hat{K}$) may not necessarily represent thermodynamic equilibrium. The $\hat{K}$ may be influenced by physical forces other than Van der Waals like flow and pressure forces. For this reason, the variation of the normalized Freundlich constant with respect to Re for fixed liquid-phase concentration is not prohibited by thermodynamics.

It is difficult to estimate the effect of the hydrolyzed diesel on the measurements, but it has likely introduced an unknown bias error to measurements. Future test with fresh diesel and water mixtures that have not had time to hydrolyze would reduce or eliminate the bias error.

CONCLUSIONS
A detailed account of the development of a fluorescence based measurement technique for measuring the mass of contaminant on solid surfaces in the presence of water flow has been provided. A test apparatus was designed and developed to use the fluorescent properties of diesel for the purpose of studying its adsorption and desorption to and from an oxidized copper test surface. A calibration technique was developed to measure both the mass of diesel adsorbed per unit surface area (the excess surface density) and the bulk concentration of the hydrolyzed diesel in the flow.

The measured diesel excess surface density that was adsorbed to the surface varied between zero and 0.02 kg/m^2 for Reynolds numbers between zero and 7000. A maximum for the diesel adsorption was observed near a Re of 4000 for both nominal bulk mass fractions of 0.2 % and 0.3 % diesel. For the most part, the thickness of the diesel excess surface density remained less than 10 μm. The exception to these excess layer measurements was the 0.3 % bulk mass fraction with Re = 4000 measurements that peaked near 25 μm.

In an effort to model the adsorption of diesel to copper, normalized Freundlich constants were calculated based on a linear isotherm and found to vary between near zero and 0.015 m.

---

[5] The transition Re would be 2300 if the hydraulic diameter concept prevails, and 3000 (Schlichting, 1979) if the flow is considered to be one between infinite flat plates.

Most of the Freundlich constants were less than 0.005 m. In addition, flushing tests suggest a constant removal rate of approximately 0.1 µm/h of diesel from a copper surface that is independent of initial thickness and original contamination concentration. The measurements show that most all of the diesel has been removed to within the uncertainty of the measurement procedure by flushing with clean tap water.

ACKNOWLEDGEMENTS

This work was funded by the U.S. Environmental Protection Agency (EPA) under contract #DW-13-92167701-0, with the guidance of project manager Mr. V. Gallardo. Thanks go to the following NIST personnel for their constructive criticism of the first draft of the manuscript: Dr. S. Treado, and Dr. P. Domanski. Thanks goes to the Mr. V. Gallardo of EPA for his constructive criticism of the second draft of the manuscript. Furthermore, the author extends appreciation to Mr. D. Wilmering for taking the measurements and conquering the difficult machining and design problems encountered in the project.

NOMENCLATURE

English Symbols

A	regression constants in eq. (5)
a_s	specific surface area, m^2 kg^{-1}
c	concentration, mol m^{-3}
F	fluorescence intensity
F_r	raw fluorescence intensity measurement
I_o	incident intensity, V
K	Freundlich constant, mol·kg^{-1}
$\hat{K}$	normalized Freundlich constant, m
l	path length, m
l_e	thickness of excess layer, m
M_c	molar mass of contaminant, kg mol^{-1}
m	mass flow rate, kg s^{-1}
Re	Reynolds number
n	Freundlich exponent
p_w	wetted perimeter of channel, m
T	temperature, K
U	expanded uncertainty
u_i	standard uncertainty
x	mass fraction of diesel

Greek symbols

β	coefficient of temperature dependence, K^{-1}
Γ	surface excess density, kg m^{-2}
ε	extinction coefficient
λ	wavelength, m
μ	dynamic viscosity, kg m^{-1} s^{-1}
ν	kinematic viscosity, m^2 s^{-1}
ρ	mass density of liquid, kg m^{-3}
Φ	quantum efficiency of fluorescence

English Subscripts

0	zero reference jar
100	maximum reference jar
a	ambient
ag	air gap
b	bulk
d	pure diesel
e	excess layer
i	inlet
l	liquid
l_e	excess layer
m	emission, mixture
ng	no air gap
o	outlet or exit

s   solid surface
T_b reference bath temperature
T_T test section temperature
x   excitation
w   tap water

Superscripts
¯ average

REFERENCES

Amadeo, J. P., Rosén C., and Pasby, T. L., 1971, Fluorescence Spectroscopy An Introduction for Biology and Medicine, Marcel Dekker, Inc., New York, p. 153.

Guilbault, G. G., 1967, Fluorescence: Theory, Instrumentation, and Practice, Edward Arnold LTD., London, pp. 91-95.

Herman, B., 1998, Fluorescence Microscopy, 2nd ed., Springer-Verlag New York, Inc., pp. 69 –71.

Kedzierski, M. A., 2003, "Effect of Bulk Lubricant Concentration on the Excess Surface Density During R134a Pool Boiling with Extensive Measurement and Analysis Details," NISTIR 7051, U.S. Department of Commerce, Washington, D.C.

Kedzierski, M. A., 2002, "Use of Fluorescence to Measure the Lubricant Excess Surface Density During Pool Boiling," Int. J. Refrigeration, Vol. 25, pp.1110-1122.

Kedzierski, M. A., 2001, "Use of Fluorescence to Measure the Lubricant Excess Surface Density During Pool Boiling," NISTIR 6727, U.S. Department of Commerce, Washington, D.C.

Miller, J. N., 1981, Volume Two Standards in Fluorescence Spectrometry, Chapman and Hall, London, pp. 44-67.

Reader, J, Corliss, C. H., Wiese, W. L., and Martin, G. A., 1980, "Wavelengths and Transition Probabilities of Atoms and Atomic Ions", NSRDS-National Bureau of Standards #68, U.S. Department of Commerce, Washington.

Schlichting, H., 1979, Boundary-Layer Theory, McGraw-Hill, New York, pg. 591.

Schwarzenbach, R. P., Gschwend, P. M., and Imboden, D., M., 2003, Environmental Organic Chemistry, 2nd ed., Wiley, NJ, pp 281-283.

Simplex, 2006, http://www.simplexdirect.com/FuelSupply/mainten04.html

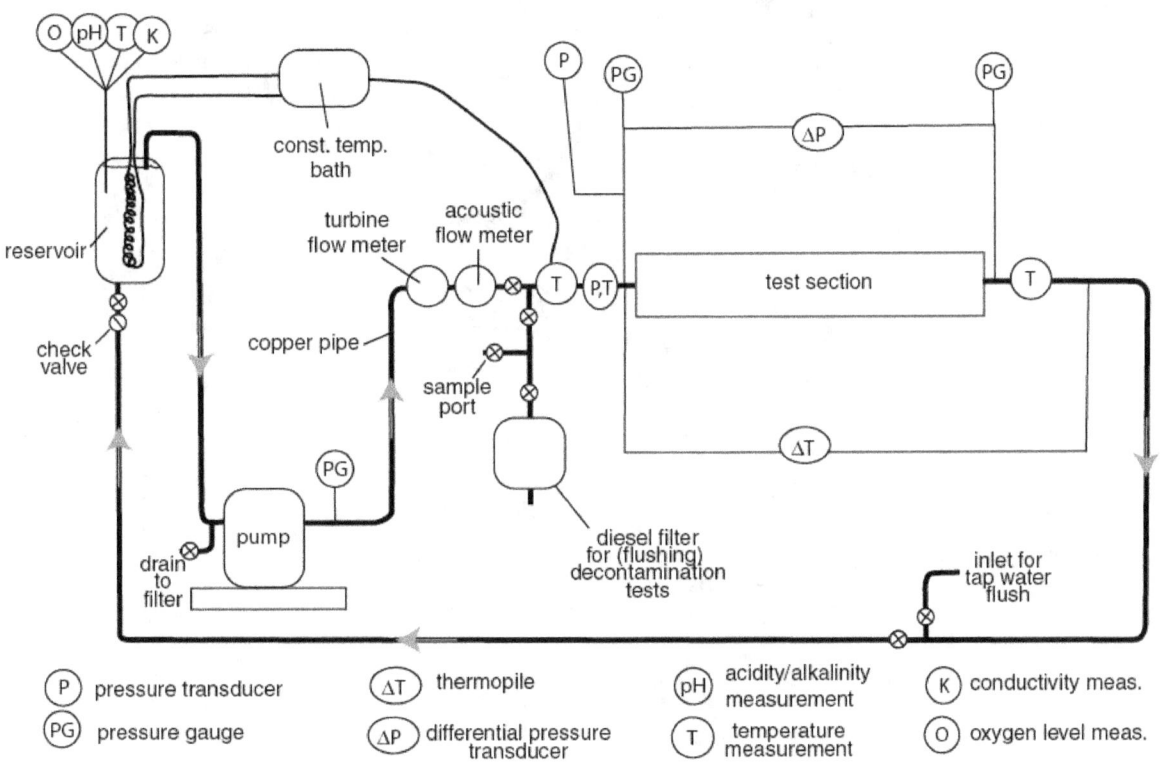

Fig. 1 Schematic of test loop

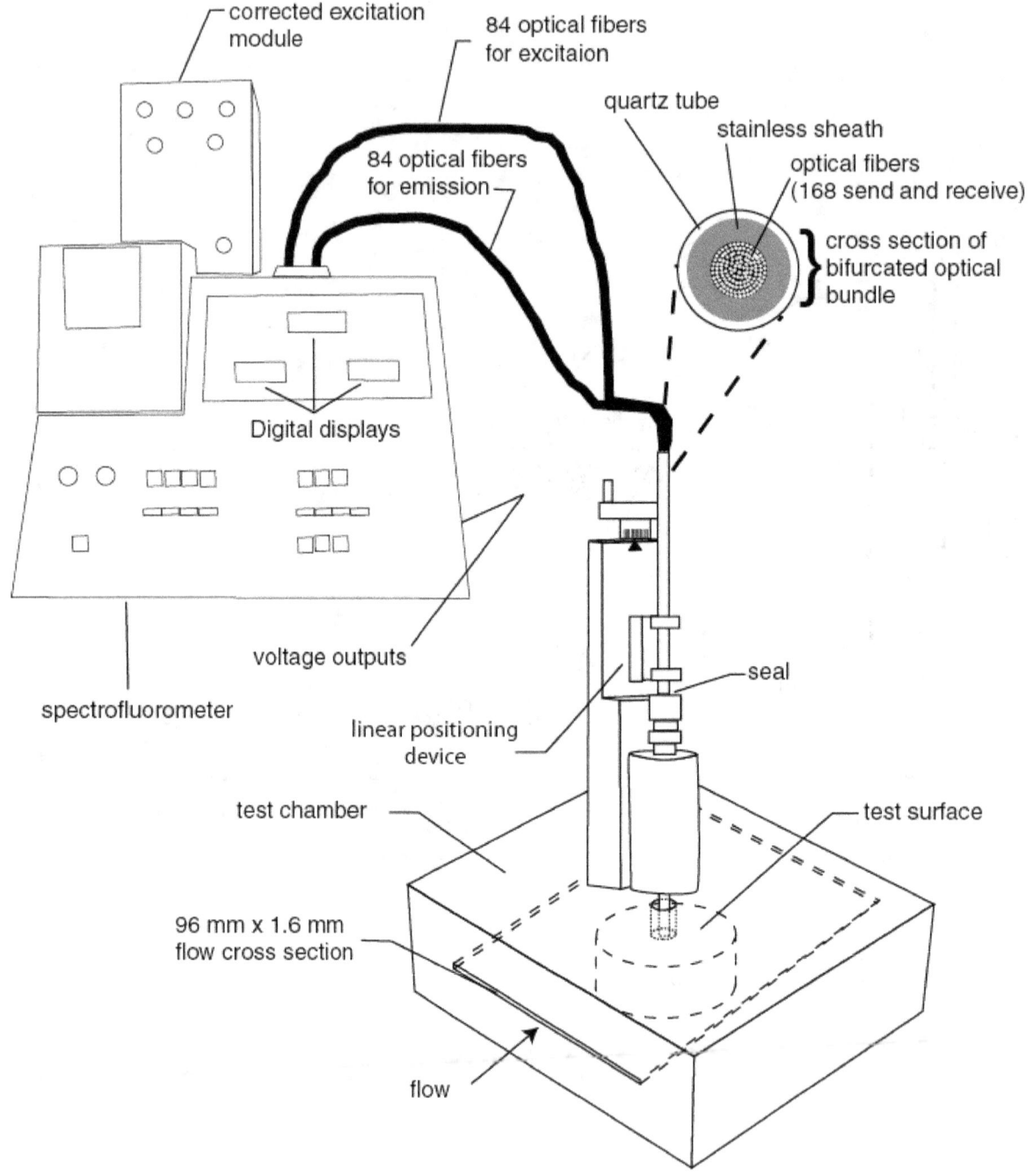

Fig. 2 Schematic of spectrofluorometer, test section, and linear positioning device

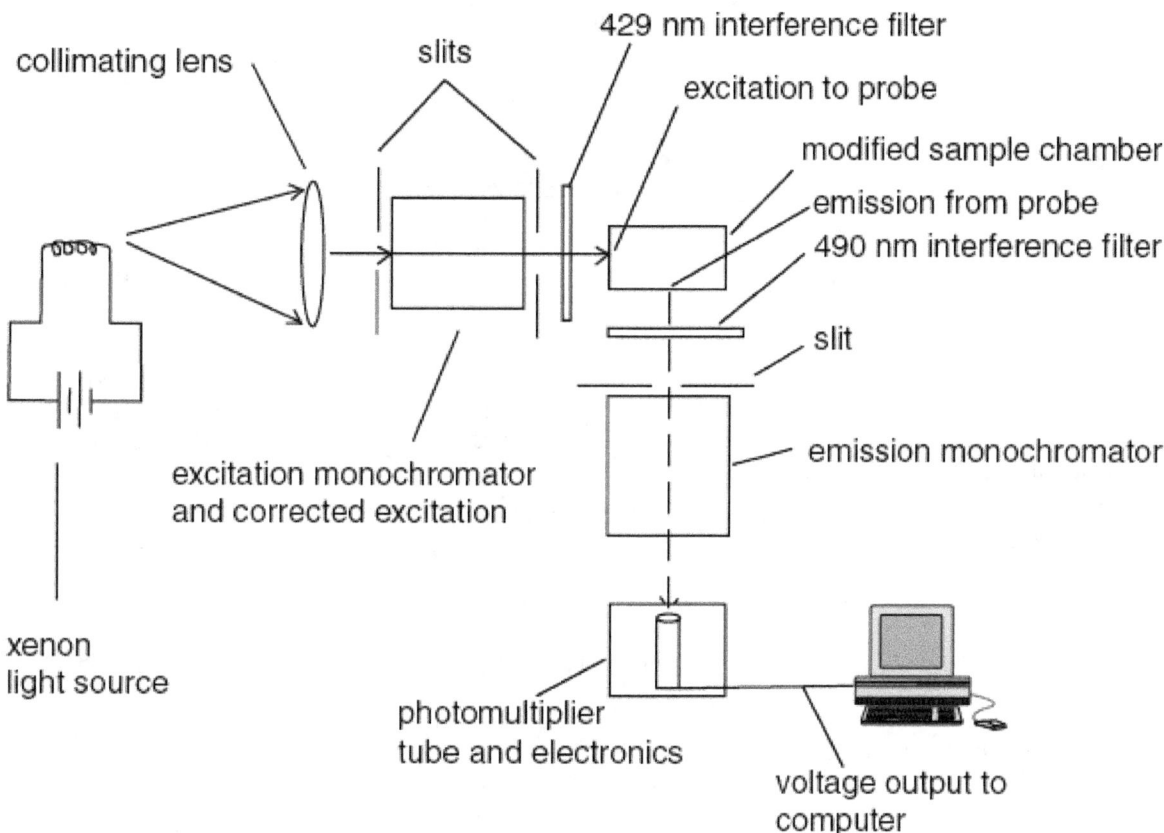

Fig. 3 Schematic of right angle spectrofluorometer

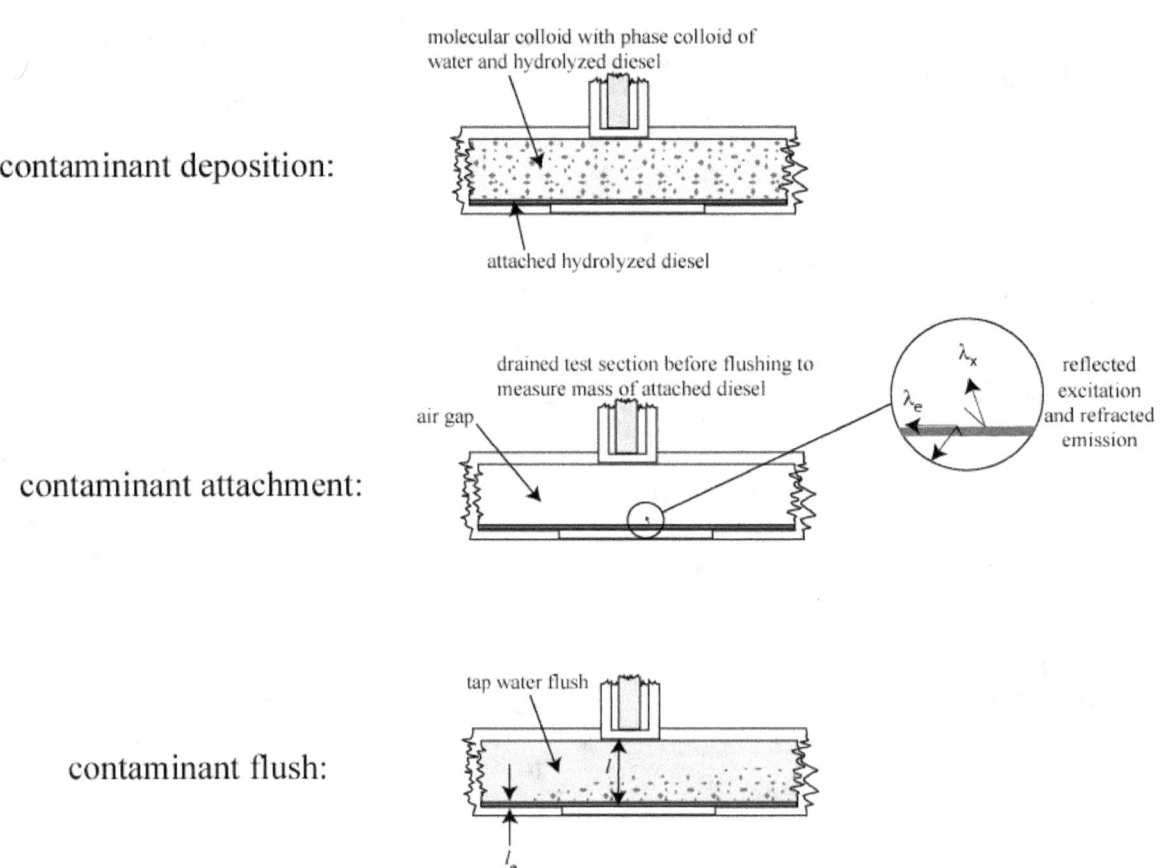

Fig. 4 Cross-sectional illustration of test section during contamination and flushing

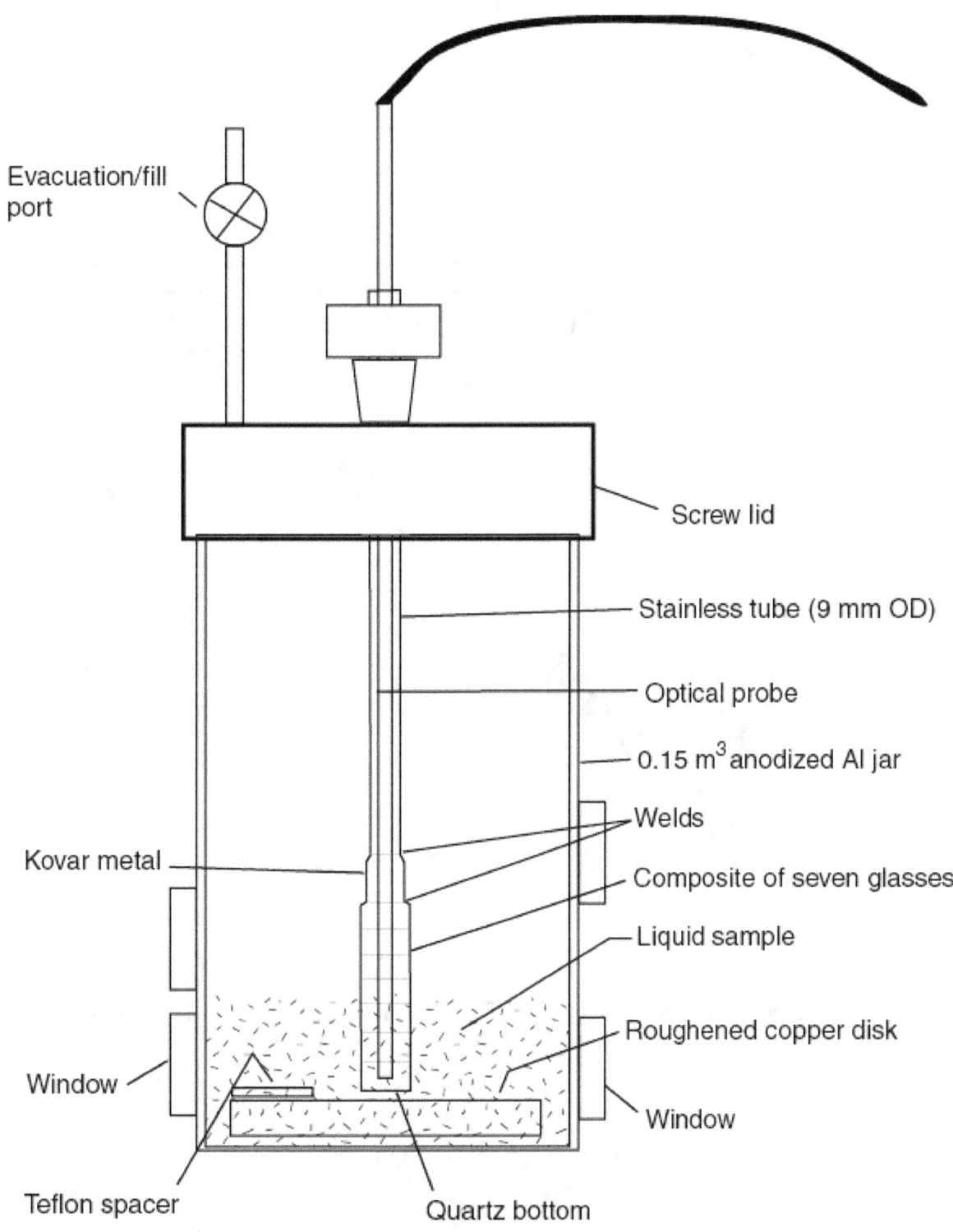

Fig. 5 Schematic of fluorescence/composition calibration jar

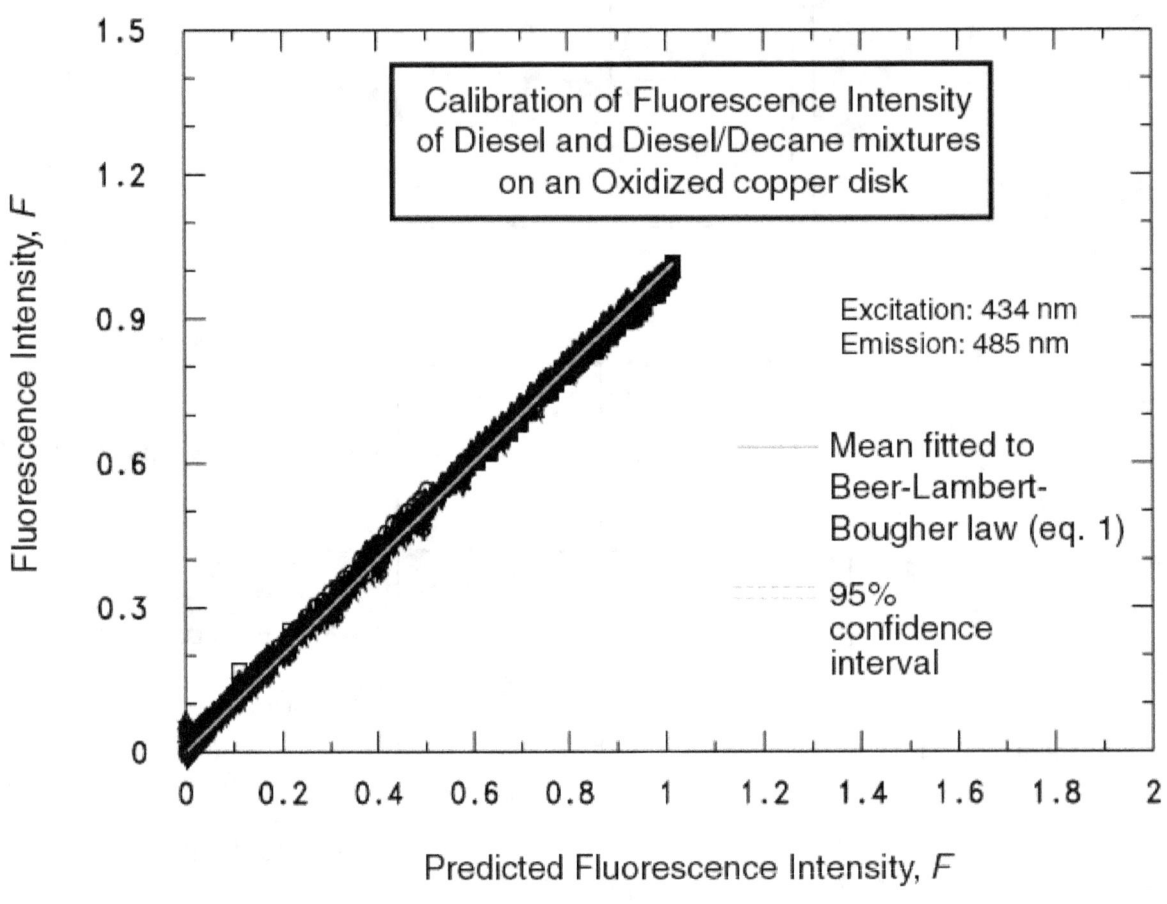

Fig. 6 Overall calibration of Beer-Lambert Bougher law for diesel on copper disk

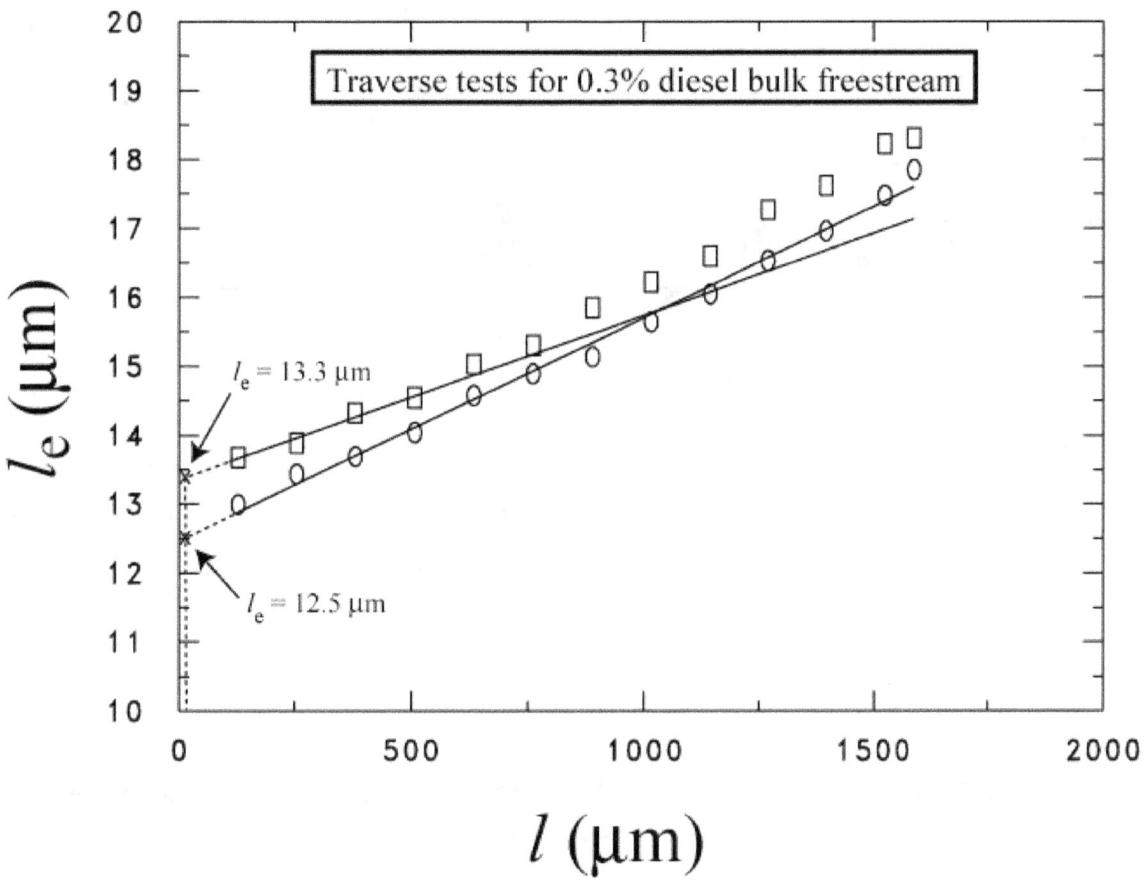

Fig. 7 Demonstration of excess layer thickness measurement

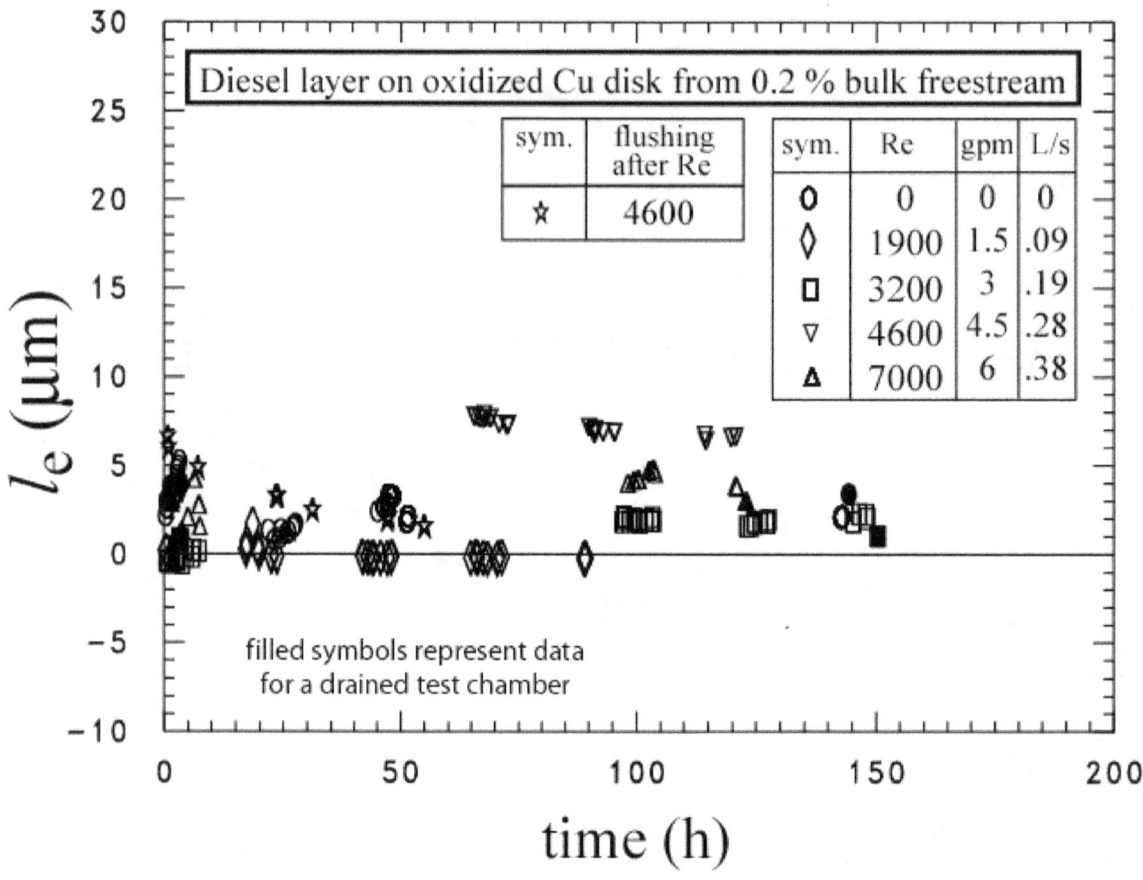

Fig. 8 Effect of exposure time and flow rate on thickness of the diesel excess layer for a 0.2 % bulk freestream mass fraction

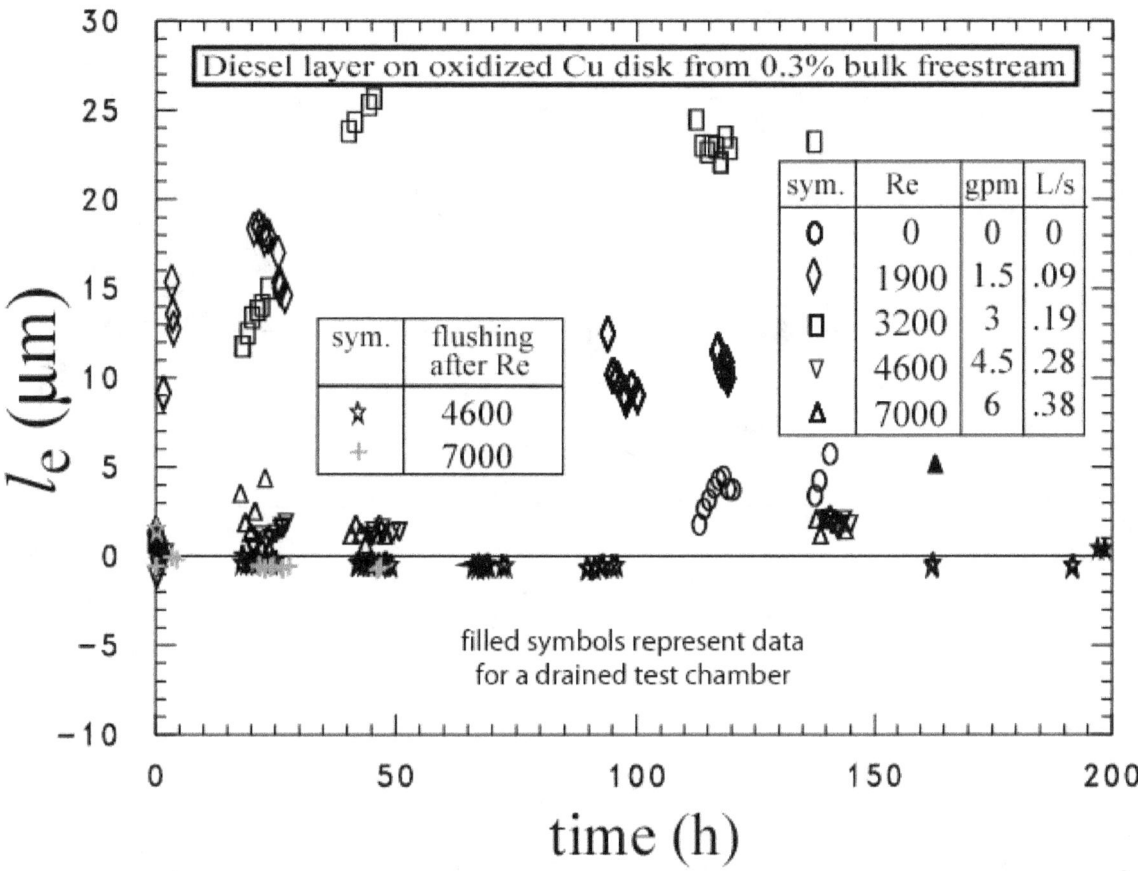

Fig. 9 Effect of exposure time and flow rate on thickness of the diesel excess layer for a 0.3 % bulk freestream mass fraction

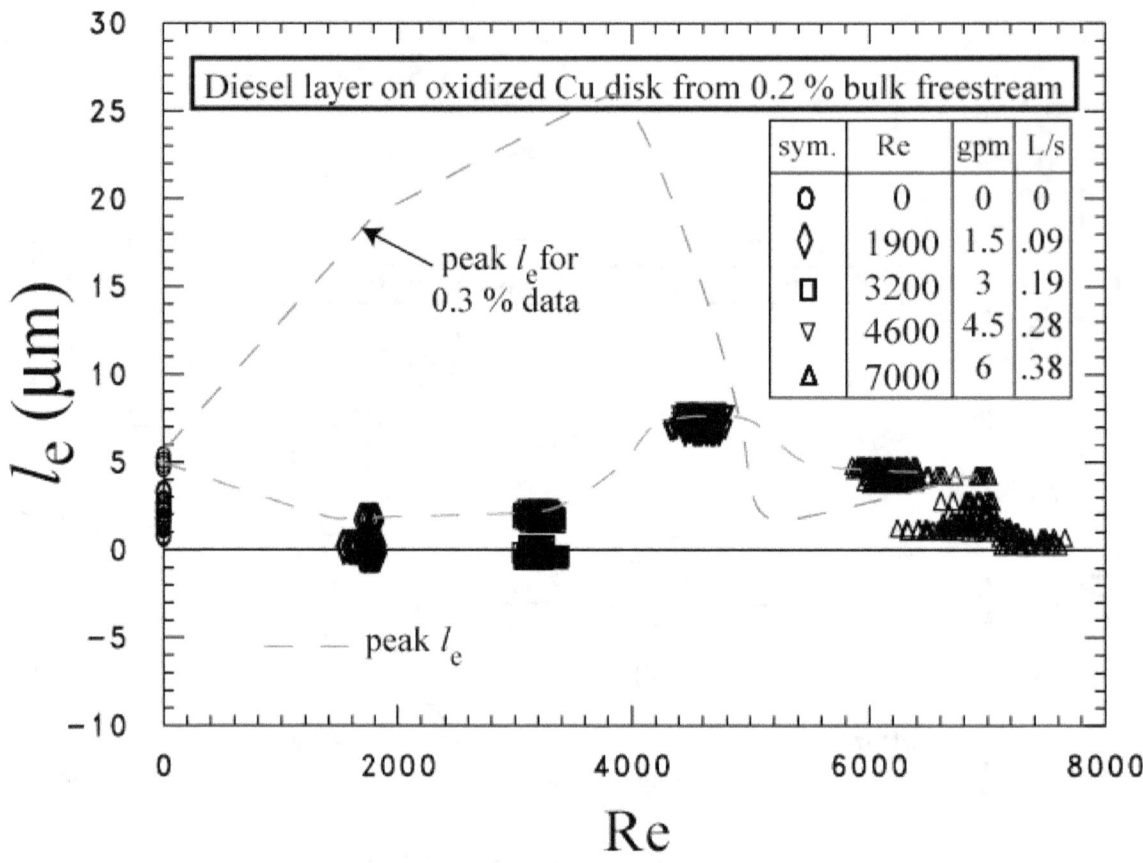

Fig. 10 Diesel excess layer thickness as a function of Re for water/diesel (99.8/0.2)

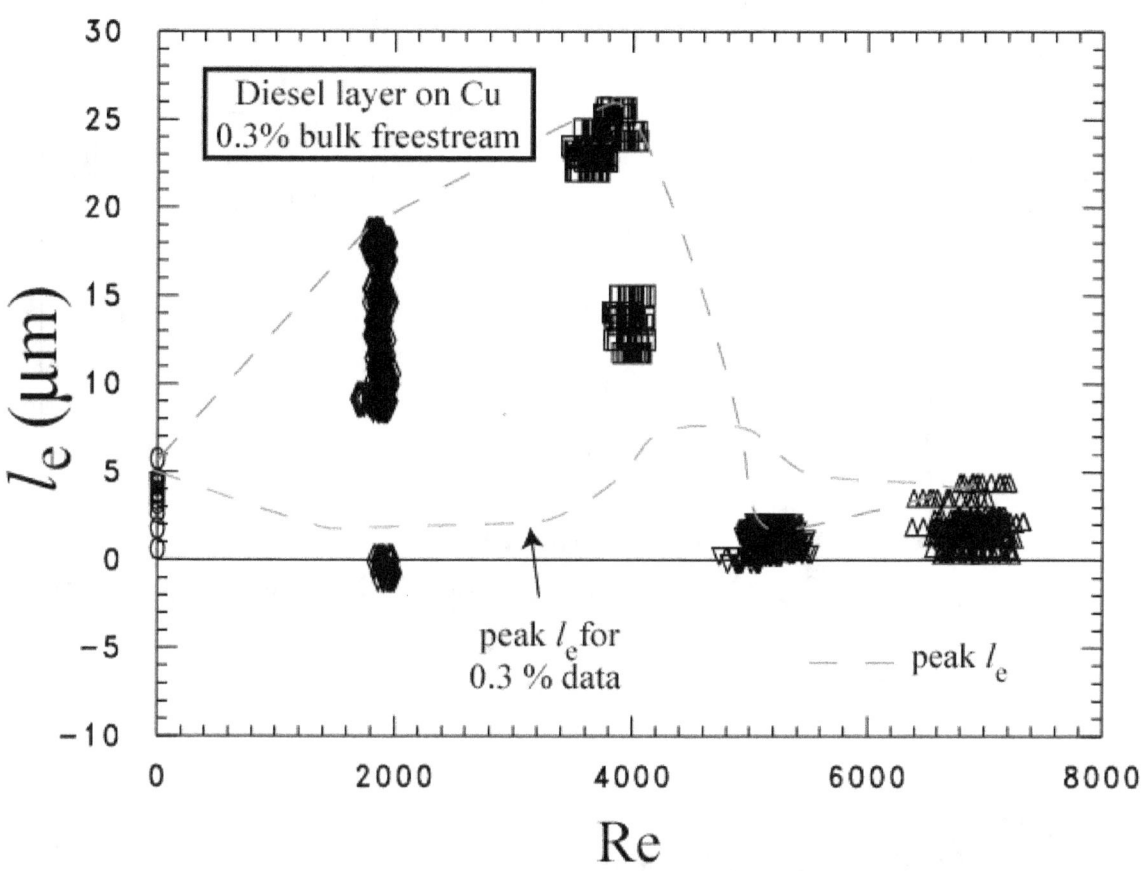

Fig. 11 Diesel excess layer thickness as a function of Re for water/diesel (99.7/0.3)

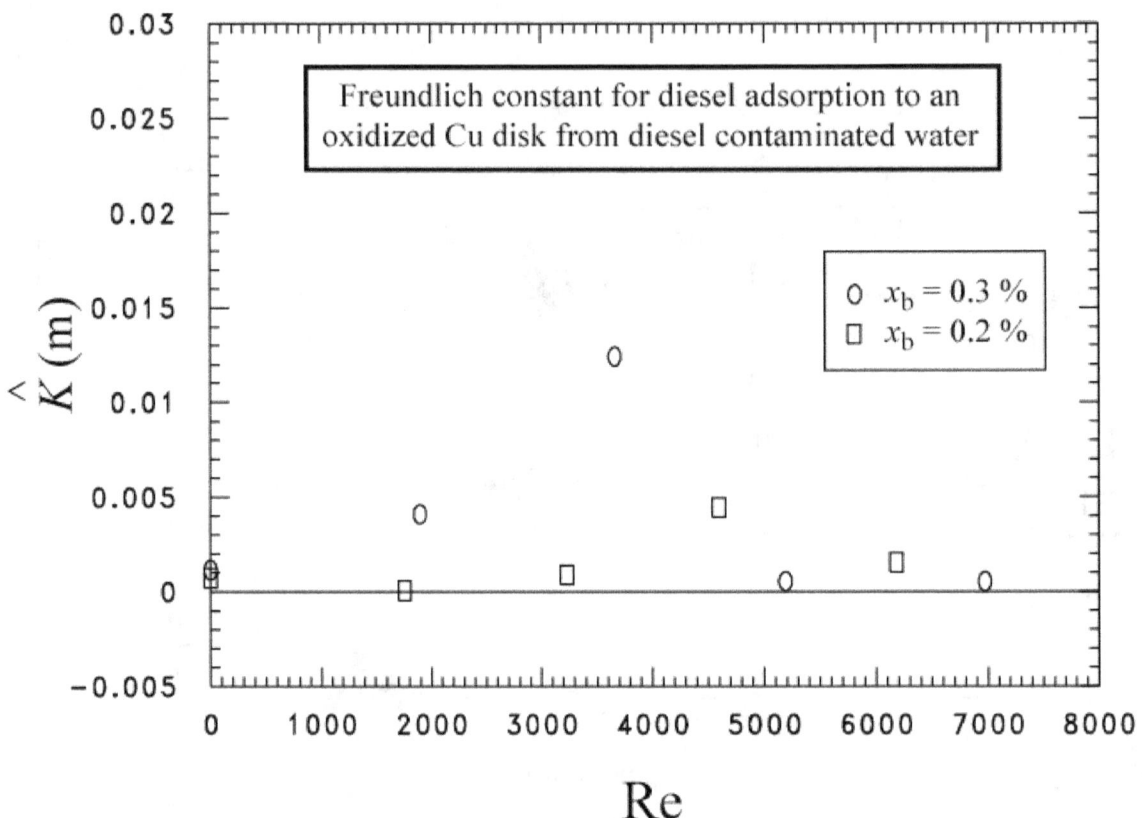

Fig. 12 Normalized Fruendlich constants for diesel adsorption to an oxidized Cu disk from diesel contaminated water

APPENDIX A: EXCITATION AND EMISSION WAVELENGTHS

Appendix A describes the methodology used to select the excitation and emission wavelengths to ensure that a significant and measurable emission signal was obtained with no measurable overlap of the excitation and emission spectra.

The wavelengths for the excitation and emission light that gave the best compromise between emission intensity strength with minimal interference from the excitation were chosen based on the following analysis. Figure A.1 shows the analysis of the emission and excitation spectra of pure diesel in a cuvette. The test sample was placed directly in the sample chamber of the right angle spectrofluorometer. The excitation wavelength that produced the maximum fluorescence emission was iteratively found by scanning through both excitation and emission wavelengths. The excitation and emission wavelengths for diesel that produced the largest intensities were located approximately at 451 nm and 484 nm, respectively.

It is immediately apparent that filtering of both the excitation and the emission is required to reduce the overlap of the two spectra. Because of the parallel light configuration of the probe incident to the test surface, both excitation and emission light will be introduced to the detector if the light is not filtered. A 429 nm bandpass filter was chosen to filter the excitation before it got to the test surface. And a 490 nm bandpass filter was used to filter the emission intensity before it was sent to the detector. Figure A.2 shows the filtered spectra from the optical probe in a jar of diesel. The filtering process as successfully separated the emission and excitation peaks (485 nm and 435 nm, respectively) and removed the overlap of the two spectra. Because the interference filters have a finite bandwidth, an excitation filter centered at 450 nm would have resulted in some overlapping of the spectra. For this reason, a smaller wavelength was chosen for the excitation signal.

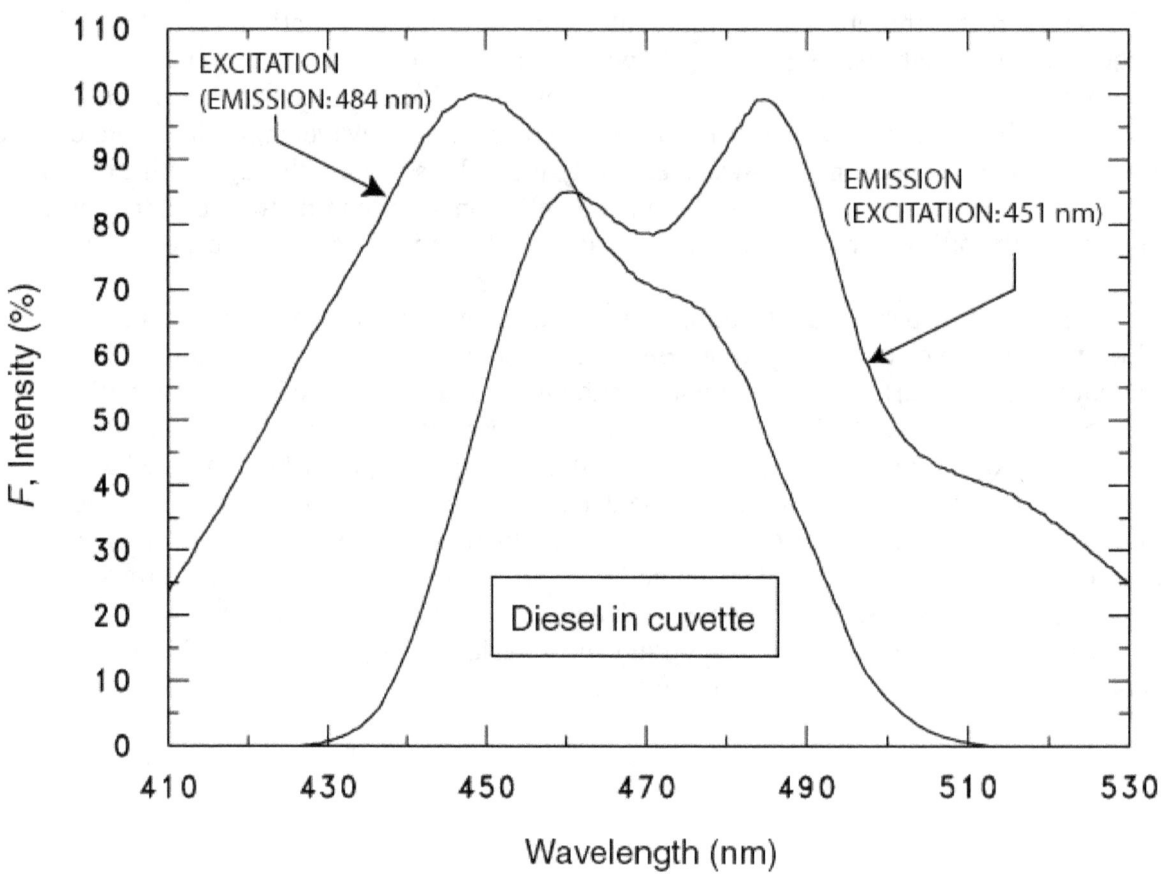

Fig. A.1 Emission and excitation spectra for diesel

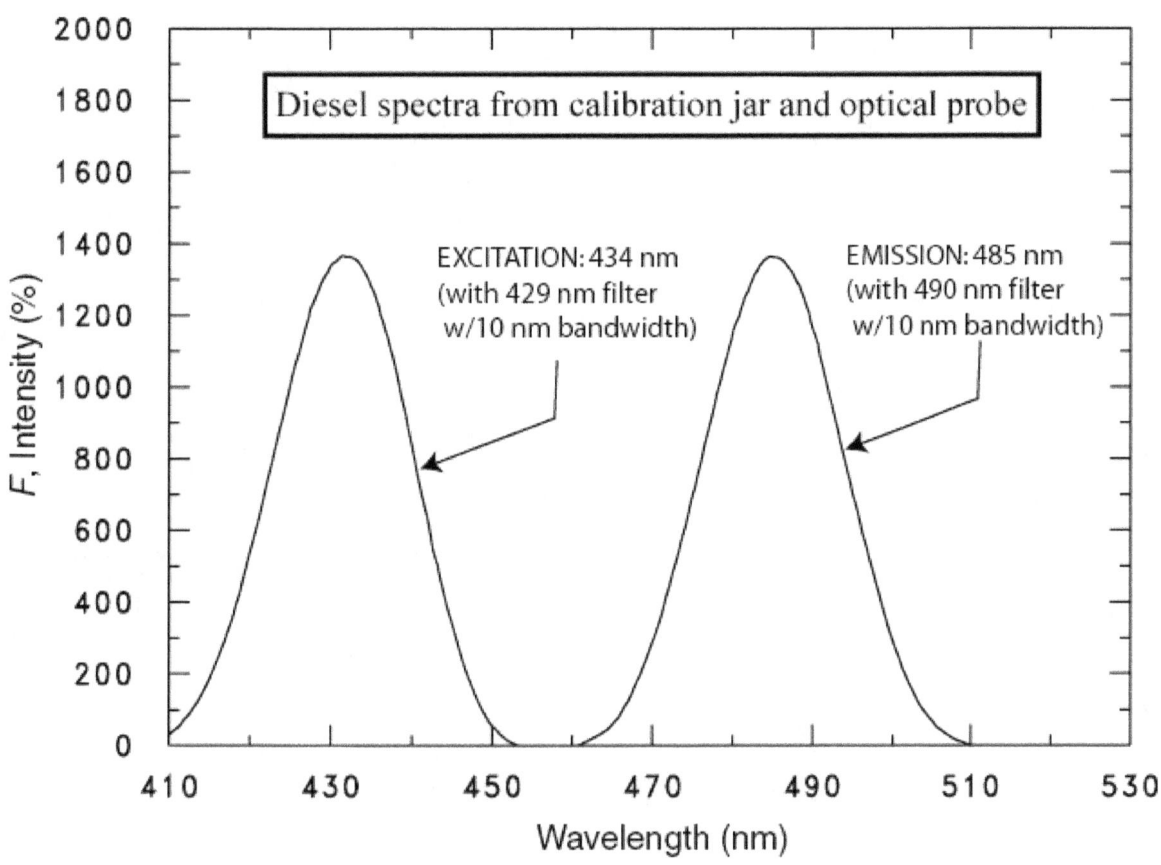

Fig. A.2 Filtered excitation and emission spectra for diesel

APPENDIX B: DIESEL PROPERTIES

This appendix presents the measurements and the correlation of the density (ρ_d) and the kinematic viscosity (ν_d) for the liquid #2 diesel fuel used in this experiment.

Liquid Density

The density of the liquid diesel was measured as a function of temperature with a glass pycnometer. The pycnometer was factory instrumented with a glass mercury thermometer with a range of 14°C to 38°C in 0.2° graduations, accurate to within ± 0.2 K. The pycnometer was filled with distilled water and its volume was calculated from the known density of water. The volume was found over five trails to be 9.84 mL with a standard uncertainty of 0.01 mL.

The pycnometer containing diesel was cooled in an ice bath and then removed from the bath and allowed to warm on the balance to room temperature over approximately one hour. The standard uncertainty of the balance was approximately 1 mg. The outside of the pycnometer was wiped clean before each measurement to remove the diesel that was expelled through the pipette due to volume expansion with temperature increase.

The Biot number for the warming pycnometer was estimated to be approximately 0.5, which is greater than the recommended limit of 0.1 (Incropera and Dewitt, 1985) for a uniform temperature in fluid. It is difficult to estimate the error introduced in the measurements due to temperature gradients that existed in the diesel. However, the data regression shows that the residuals are independent of temperature, which suggests that the error due to temperature gradients in the liquid had a negligible effect on the density measurements.

Table B.1 shows the recorded measurements for two days. Equation B.1 gives the fit of the liquid diesel density (ρ_d) in kg/m^3 versus temperature (T) in Kelvin:

$$\rho_d = 1056.29 - 0.700T \quad \text{B.1}$$

The expanded uncertainty of the fit was approximately ± 0.2 kg/m^3 for 95 % confidence.

Kinematic Viscosity

The kinematic viscosity of the liquid diesel (ν_d) was measured at room temperature (approximately 297.6 K) with a glass viscometer and found to be 3.93 μm^2/s ± 0.024 μm^2/s. Kinematic viscosity measurements from Simplex (2006) for #2 diesel fuel shown in Table B.2 were used to obtain the trend of viscosity with respect to temperature. This was done by using the same slope of the linear $\ln \nu$ versus T^{-1} fit for the Simplex (2006) data with an intercept that reproduced our single viscosity measurement. The following correlation reproduces the single room temperature value for our batch of diesel and temperature dependence of the Simplex (2006) diesel data:

$$\nu_d (m^2/s) = 4.434 \times 10^{-9} e^{2020.17/T_K} \quad \text{(B.2)}$$

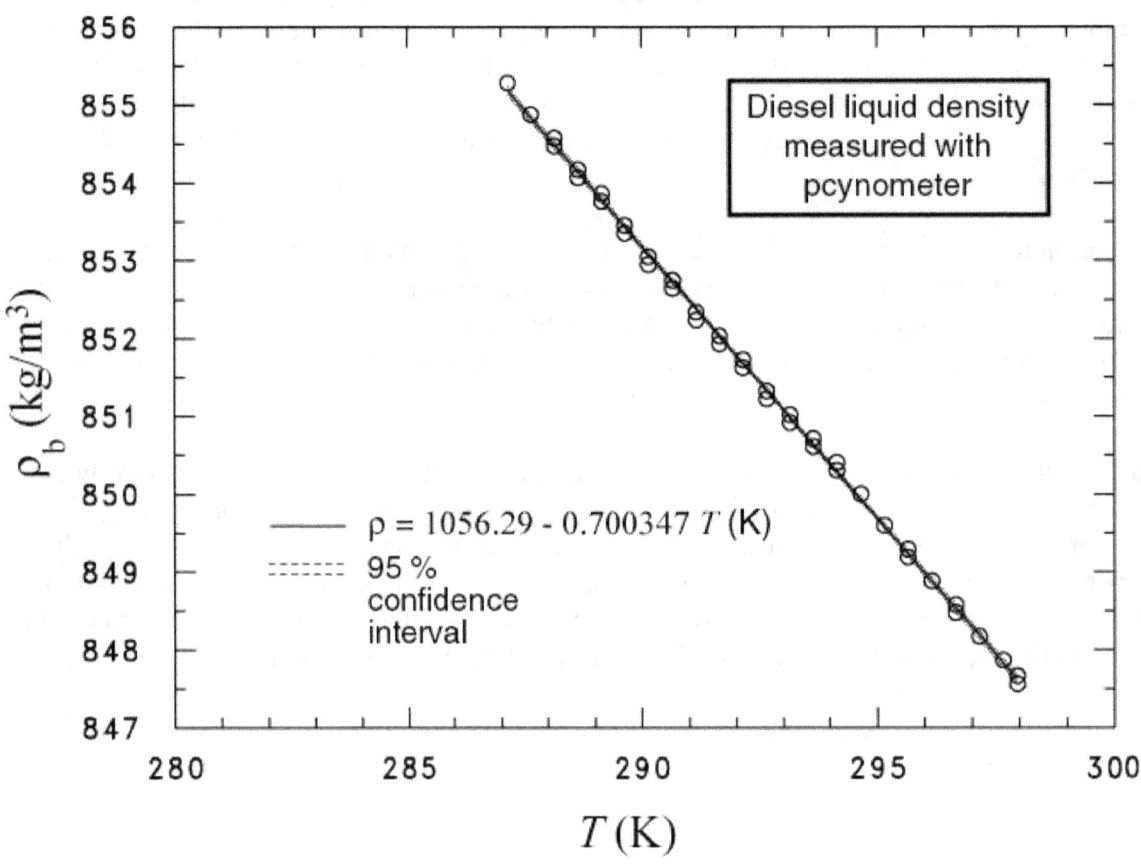

Fig. B.1 Measured liquid density of diesel and fit

Table B.1 Diesel liquid density measurements (file:DieDen.dat)

T (°C)	T (K)	diesel mass (g)	ρ_d (kg/m^3)
14.00	287.15	8.42	855.28
14.50	287.65	8.41	854.88
15.00	288.15	8.41	854.57
15.50	288.65	8.40	854.17
16.00	289.15	8.40	853.86
16.50	289.65	8.40	853.46
17.00	290.15	8.39	853.05
17.50	290.65	8.39	852.74
18.00	291.15	8.39	852.34
18.50	291.65	8.38	852.03
19.00	292.15	8.38	851.73
19.50	292.65	8.38	851.32
20.00	293.15	8.37	851.02
20.50	293.65	8.37	850.71
21.00	294.15	8.37	850.41
21.50	294.65	8.36	850.00
22.00	295.15	8.36	849.59
22.50	295.65	8.36	849.29
23.00	296.15	8.35	848.88
23.50	296.65	8.35	848.48
24.00	297.15	8.35	848.17
24.50	297.65	8.34	847.87
24.80	297.95	8.34	847.66
14.00	287.15	8.42	855.28
14.50	287.65	8.41	854.88
15.00	288.15	8.41	854.47
15.50	288.65	8.40	854.06
16.00	289.15	8.40	853.76
16.50	289.65	8.40	853.35
17.00	290.15	8.39	852.95
17.50	290.65	8.39	852.64
18.00	291.15	8.39	852.24
18.50	291.65	8.38	851.93
19.00	292.15	8.38	851.63
19.50	292.65	8.38	851.22
20.00	293.15	8.37	850.91
20.50	293.65	8.37	850.61
21.00	294.15	8.37	850.30
21.50	294.65	8.36	850.00
22.00	295.15	8.36	849.59
22.50	295.65	8.36	849.19
23.00	296.15	8.35	848.88
23.50	296.65	8.35	848.58
24.00	297.15	8.35	848.17
24.50	297.65	8.34	847.87
24.80	297.95	8.34	847.56

Table B.2 Diesel #2 liquid kinematic viscosity measurements (Simplex, 2006)

T (°F)	T (K)	ν_d (SUS)	ν_d (μm^2/s)
30	272.04	138	27.6
60	288.71	70	14
80	299.82	53.6	10.72
100	310.93	45.5	9.1
130	327.59	39	7.8

APPENDIX C: HYDROLYZED DIESEL

Figure C.1 compares the fluorescent emission spectrum for pure diesel to that of the hydrolyzed diesel in water mixture as taken from the reservoir of the test chamber. Both fluids where excited in quartz cuvettes at a wavelength of 451 nm with 2.5 nm slits in the spectrofluorometer. The fluid from the test reservoir was mostly the bulk phase of the water where the hydrolyzed diesel was stably suspension within the bulk water and at approximately 0.15 % mass fraction of diesel. The mass fraction was determined from the relative peak intensities of the reservoir fluid to that of the pure diesel for these cuvette tests. No interference filters were used in the sample chamber of the spectrofluorometer. Evidence for a chemical breakdown of the diesel is based on the fact that the peak fluorescence emission for the emulsified water diesel exists at a wavelength that is 25 nm greater than that of pure diesel.

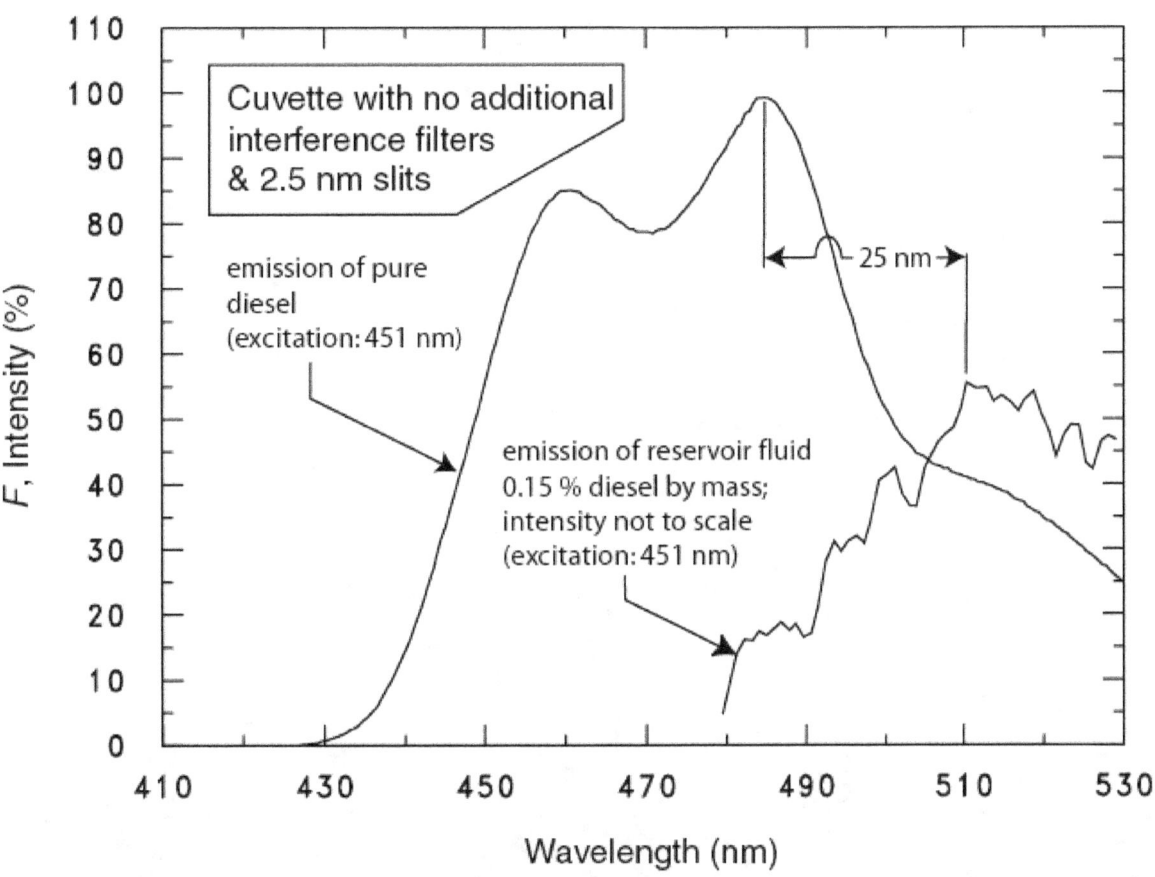

Fig. C.1 Fluorescent emission spectra for pure diesel and hydrolyzed reservoir test fluid

APPENDIX D: FLUORESCENT TEMPERATURE DEPENDENCE

This appendix presents the measurements and the methodology that were used to determine the coefficient of temperature dependence (β) for the fluorescent intensity of diesel (Kedzierski, 2003). All of the measurements and settings were made with the excitation set to 434 nm and the emission measured at 485 nm with the additional spectrofluorometer filters in place as described in Appendix A. Pure diesel was cooled from nominally 303 K to 279 K for two sets of 500 measurements in a temperature controlled liquid bath. The temperature of the mixture was measured with a sheathed thermocouple that was in the controlled temperature bath with the maximum- and zero-jars. The fluorescence intensity of the maximum-jar as a function of bath temperature is given in Fig. D.1.

The temperature dependence of the fluorescence can be expressed as the ratio of the fluorescence intensity at the bath temperature (F_{T_b}) to the intensity evaluated at the test section temperature (F_{T_T}) for all other variables held constant (Kedzierski, 2003):

$$\frac{F_{T_b}}{F_{T_T}} = e^{\beta(T_b - T_T)} \quad (D.1)$$

where the coefficient of temperature dependence of the fluorescence (β) was found to be approximately 0.00156 for the diesel data set shown in Fig. D.1.

Equation D.1 is used to account for any difference between the temperature of the bath that holds the fluorescent standard jars and the temperature of the test section. The target test section fluid temperature for the contamination tests is the same as the fluorescent standard bath temperature. As a result, for approximately 85 % of the contamination measurements, the test section temperature differed no more than ± 1 K from the bath temperature, which would have resulted in an adjustment in the fluorescence with eq. (D.1) by no more than ± 0.2 %. The largest difference between the temperature of the jar bath and the average temperature of the test section for the contamination tests was approximately 4.5 K, which corresponds to a 0.3 % correction of the fluorescence intensity. Flushing tests required larger corrections via eq. (D.1). Flushing was done with house tap water that was as much as 10 K colder than the jar bath temperature, which resulted in a maximum correction of 1.5 % of the fluorescence intensity.

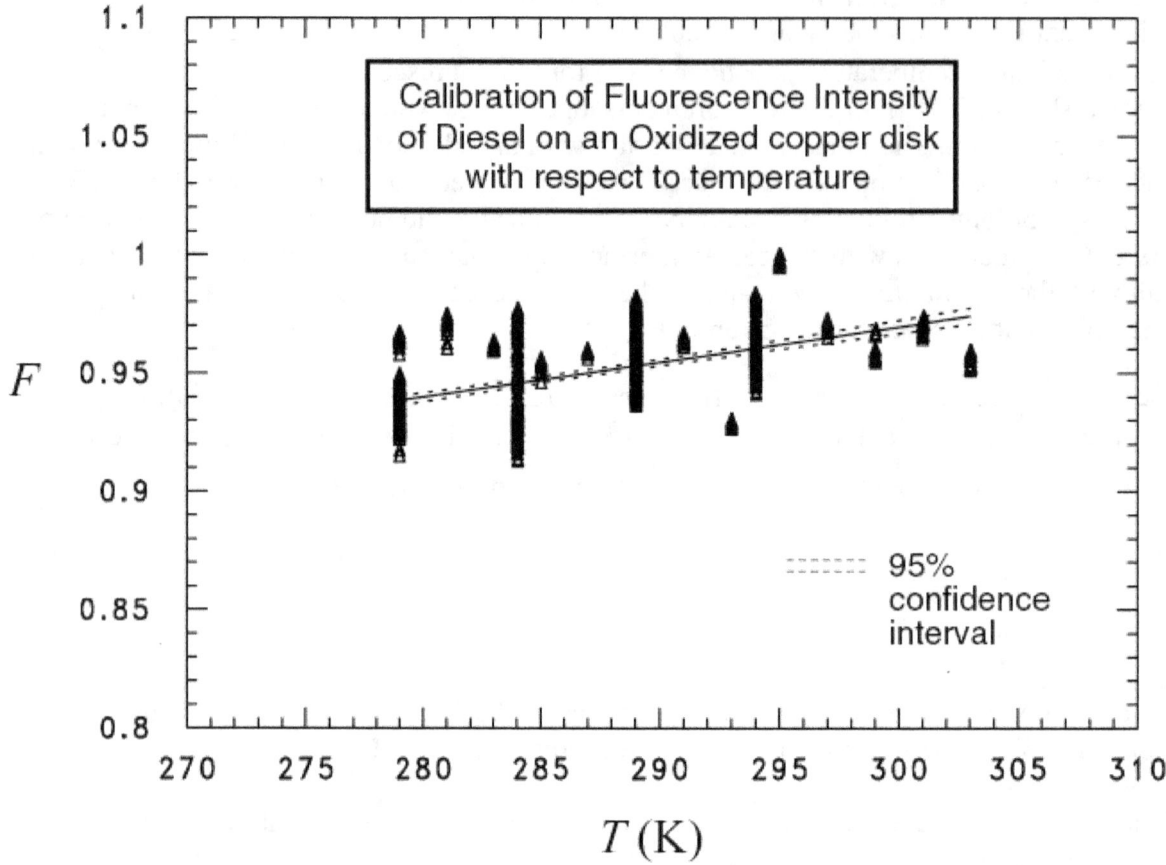

Fig. D.1 Temperature dependence of diesel fluorescence

APPENDIX E: FLUORESCENCE CALIBRATION

This appendix provides more detail on the procedure that was developed and used to calibrate the fluorescence intensity of diesel against mass fraction, path length, air gap, and fluid properties. All calibration measurements were done on a copper disk that was flattened from a pipe and evenly oxidized by electrolysis. Appendix I shows how the functionality of the spectrofluorometer was verified.

Figure E.1 shows the calibration of the fluorescence intensity of diesel against diesel mass fraction for fixed path length. The temperature of the diesel in the 150 mL calibration jar (shown in Fig. 6) was held constant at approximately 294 K. The diesel was mixed with non-fluorescent n-decane in order to dilute the diesel to the desired mass fraction. Unlike water, n-decane was miscible with diesel. The distance between the top of the calibration disk and the bottom of the quartz tube (the path length) was set and fixed with the aid of a 1.6 mm gauge block. For these conditions, the fluorescence intensity was fitted linearly with respect to the diesel mass fraction to within a residual standard deviation of ± 1.2 %.

Figure E.2 shows the calibration of the fluorescence intensity of diesel against the path length through the diesel for neat diesel (for fixed $x_b = 1$). As in the previous mass fraction calibration described above, the temperature of the diesel was held constant at approximately 294 K. This second calibration method was used to determine the effect of the proximity of the incident light (I_o) via changing its path length (l). As shown in Fig. 2, a linear positioning device with a graduated knob was used to locate the quartz tube relative to the test surface and thus measure and set the path length of the incident light through the diesel. The measured fluorescent intensity versus the path length was non-linear as shown in Fig. E.2. The calibrations given in Figs. E.1 and E.2 were combined with an exponential representation of I_o as a function of l to give the total calibration as given in eq. (4).

Figure E.3 shows the calibration measurements that were used to determine the effect of an air gap above the test surface. This method served as a secondary measurement check because it was desired to have a technique that did not require the test section to be filled with test fluid. Because of the mismatch in the index of refraction between the quartz, the air, and the diesel film, the intensity incident to the diesel for when an air-gap existed differed from that for when fluid filled the space between the test surface and the bottom of the quartz probe. To determine the effect of incident intensity reflections from interfaces exposed by the air gap, the probe was traversed above a diesel film of fixed thickness. Because the amount of fluorescent material remained fixed for these tests, the magnitude of the measured intensity was attributed to change in the magnitude of the incident intensity due to it proximity to the diesel film.

Figure E.3. shows measurements with and with out air gaps below the quartz probe. As expected, measurements with no air gap are shown to lie on the eq. (4) calibration. Measurements taken with an air gap reside to the right of the eq. (4) calibration in a stratum of nearly linear data grouped by different diesel film thickness. For these measurements, the intensity is shown to increase slightly has the probe approaches the diesel film. From the air-gap data, it was observed that $\frac{1}{F}\frac{dF}{dl}$ was approximately constant for all ranges of the F and l

traverse data for each group of fixed diesel film thickness. The value of F used in this product for each group was extrapolated to the calibration line for no-air-gap (F_{ng}). The gradient was calculated using the air-gap measurements, i.e., $\frac{dF_{ag}}{dl}$. The average ratio between F_{ng} and the air-gap gradient for all the groups was:

$$\frac{1}{F_{ng}}\frac{dF_{ag}}{dl} = -82.57 \text{m}^{-1} \quad (E.1)$$

From the integration of eq. (E.1) it can be seen that the dependency of the intensity is exponential with path length. Considering that this dependency represents how I_o changes with proximity to the test surface, an exponential term with respect to path length was used to represent I_o in the full calibration eq. (4).

The diesel film thickness using the air-gap fluorescent gradient can be solved for by substituting eq. (4) into eq. (E.1) for the F_{ng}:

$$l_e = \frac{-0.0121\text{m}\frac{dF_{ag}}{dl}}{2.3 I_0 \Phi \varepsilon \rho_{cbb}^{-1}} \quad \frac{0.0115\text{mkg}^1 \frac{dF_{ag}}{dl} e^{209.23\text{m}^{-1}l}}{x} \quad (E.2)$$

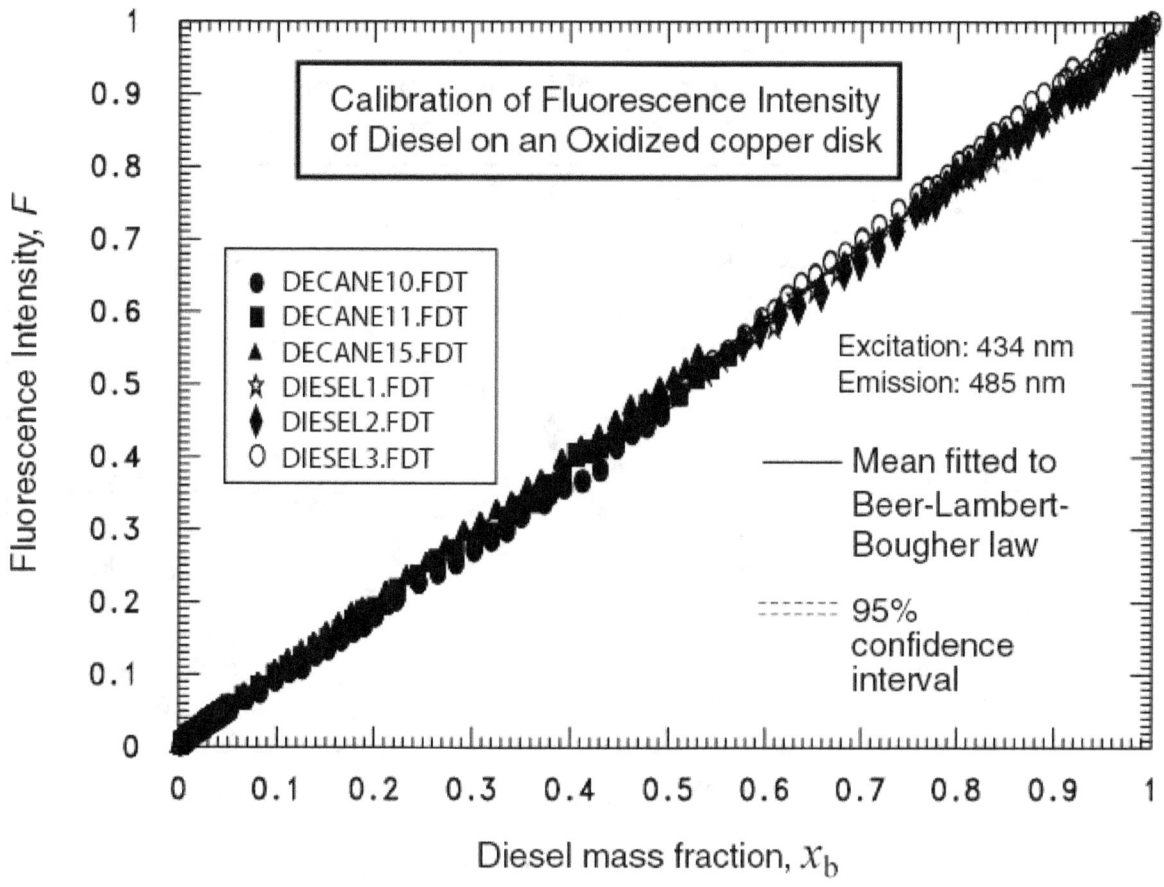

Fig. E.1 Calibration of diesel fluorescence against diesel mass fraction for different runs

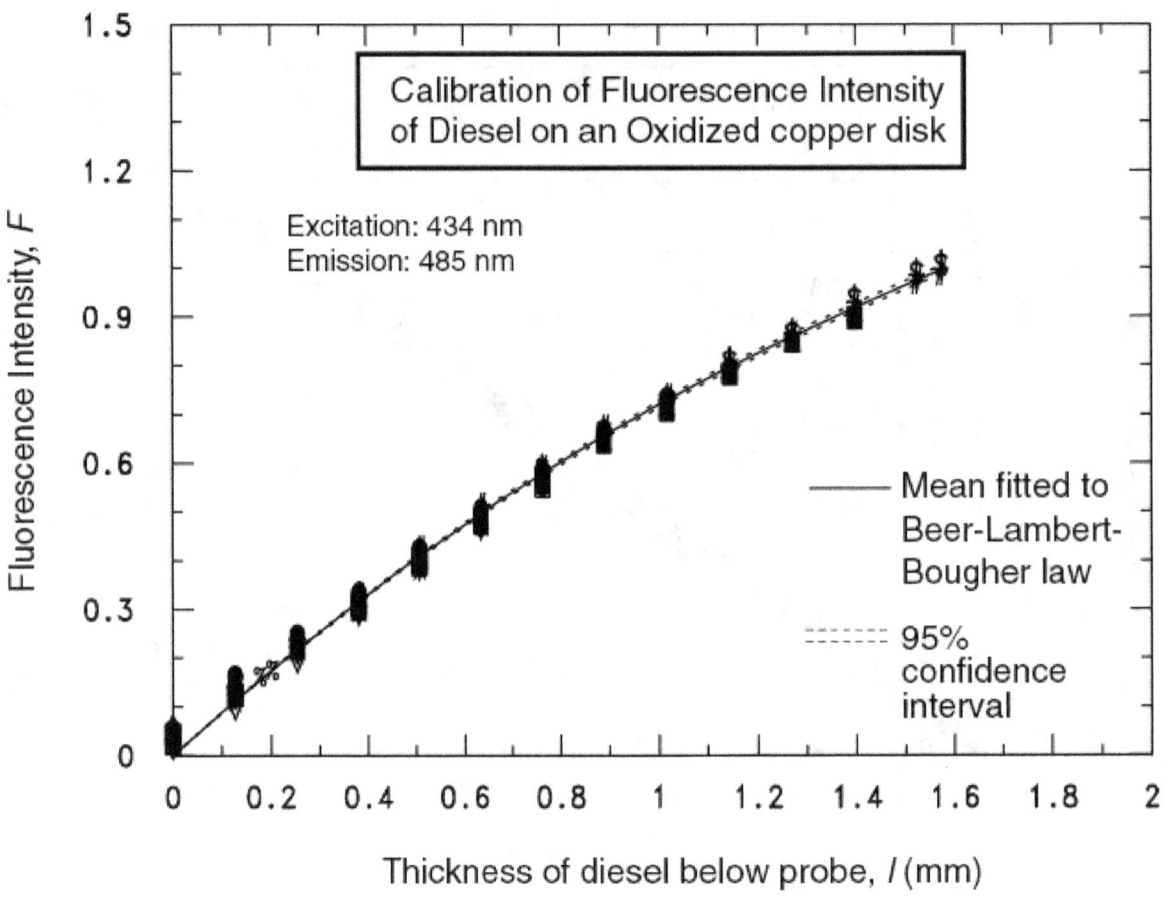

Fig. E.2 Calibration of fluorescence of diesel against path length for different runs

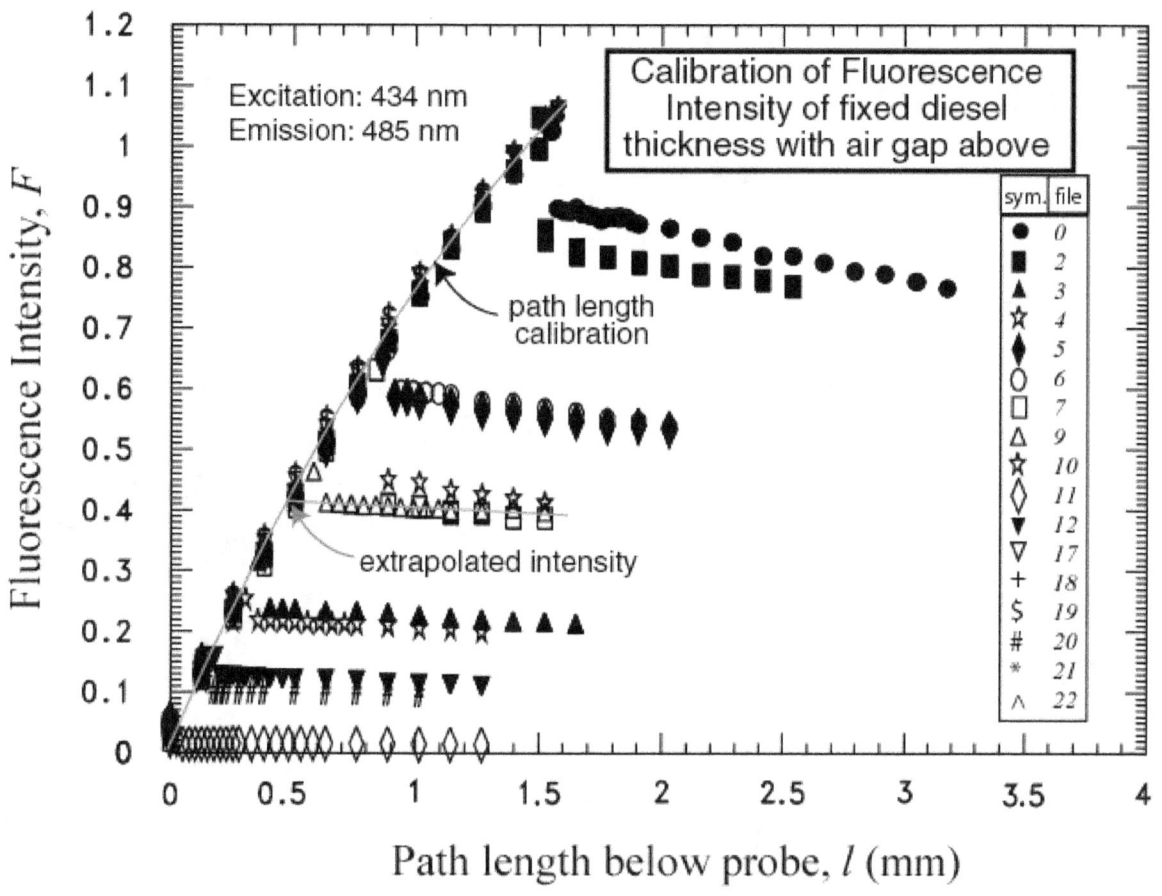

Fig. E.3 Calibration of diesel fluorescence intensity for fixed film thickness and air gap between quartz tube and liquid film

APPENDIX F: LINEAR BEER LAW

This appendix justifies the use of the linear form of the Beer-Lambert-Bougher law (Amadeo et al., 1971) for the fluorescence calibration of the diesel mass. Regression of the calibration varied mass fraction measurements to the exponential and complete form of the Beer-Lambert-Bougher law:

$$FI = \Phi_o (1 - 10^{-\varepsilon c l}) \quad (F.1)$$

resulted in a residual standard deviation between the measurements and the fit of 0.0156. Considering that the residual standard deviation of the linear fit (eq. 3) was marginally less (0.0151) than that of eq. (F.1), the linear model represents the calibration data just as well as the complete model.

Further justification for the use of eq. (F.1) can be obtained from the general knowledge of fluorescence characteristics. According to Herman (1998), fluorescence remains directly proportional to absorbance ($\varepsilon c l$) as long as it is small, i.e., $\varepsilon c l < 0.05$. Figure F.1 plots the absorbance against the mass fraction for both the mass fraction and the path length calibration measurements. The figure shows that mass fraction calibration measurements satisfy the linear criteria for mass fractions less than approximately 0.8. Similarly, the path length calibration measurements follow the linear Beer-Lambert-Bougher law for absorption thicknesses (l) less than approximately 1.3 mm. Overall, approximately 78 % of the 936 calibration measurements fall within the linear criteria and none of the measurements exceeded an absorbance of 0.064.

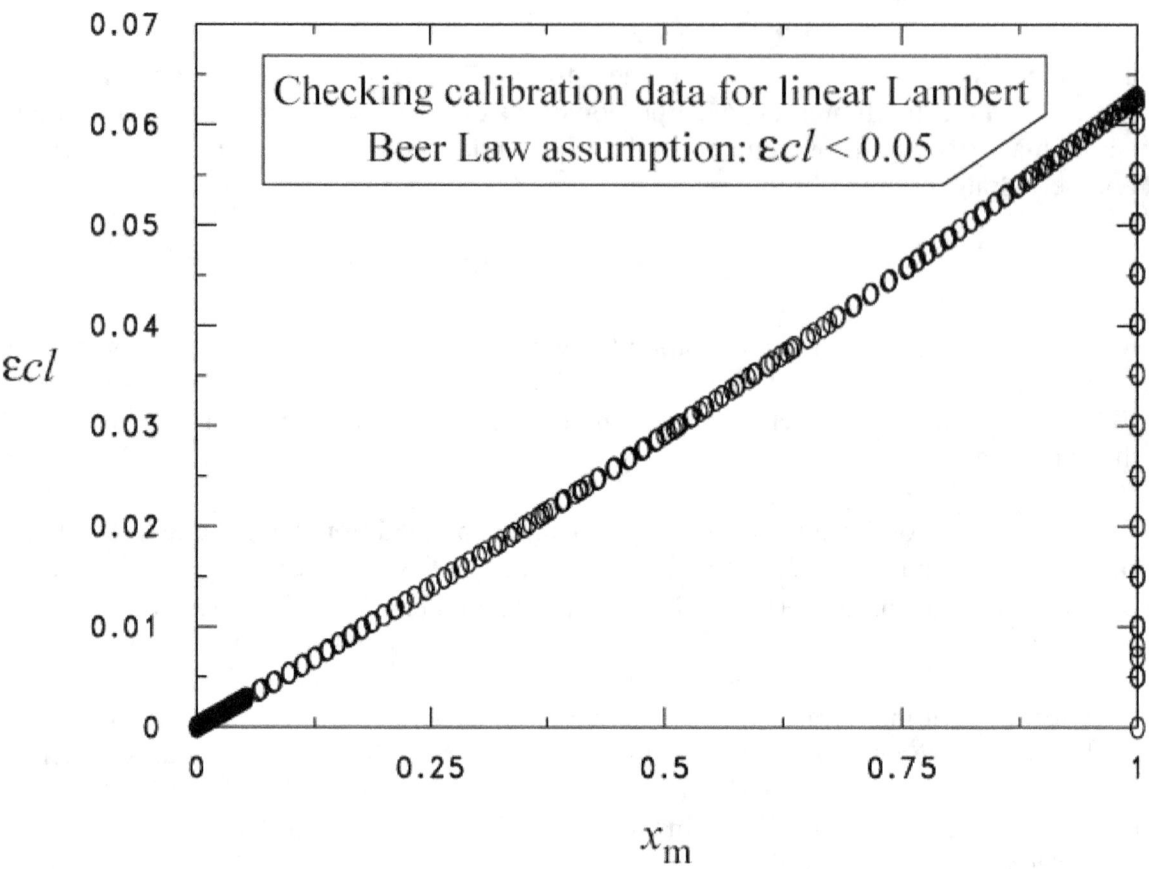

Fig. F.1 Absorbance of diesel for calibration measurements as a function of mass fraction

APPENDIX G: UNCERTAINTIES

Figure G.1 shows the relative (percent) uncertainty of the diesel excess layer thickness (U_{le}) as a function of l_e for a bulk mass fraction of nominally 0.2 %. Roughly 80 % of the l_e measurements for the 0.2 % bulk mass fraction have a relative uncertainty of less than 25 %. For measurements with an relative uncertainties less than 25 %, the average uncertainty of l_e is approximately ± 6 % of l_e. Overall, the average uncertainty of l_e on an absolute basis was approximately ± 0.1 μm.

Similarly, Fig. G.2 shows the relative (percent) uncertainty of the diesel excess layer thickness (U_{le}) as a function of l_e for a bulk mass fraction of nominally 0.3 %. Roughly 92 % of the l_e measurements have a relative uncertainty of less than 25 %. For these measurements the average uncertainty of l_e is approximately ± 8 % of l_e. Overall, the average uncertainty of l_e for the measurements with the 0.3 % bulk mass fraction was approximately ± 0.4 μm.

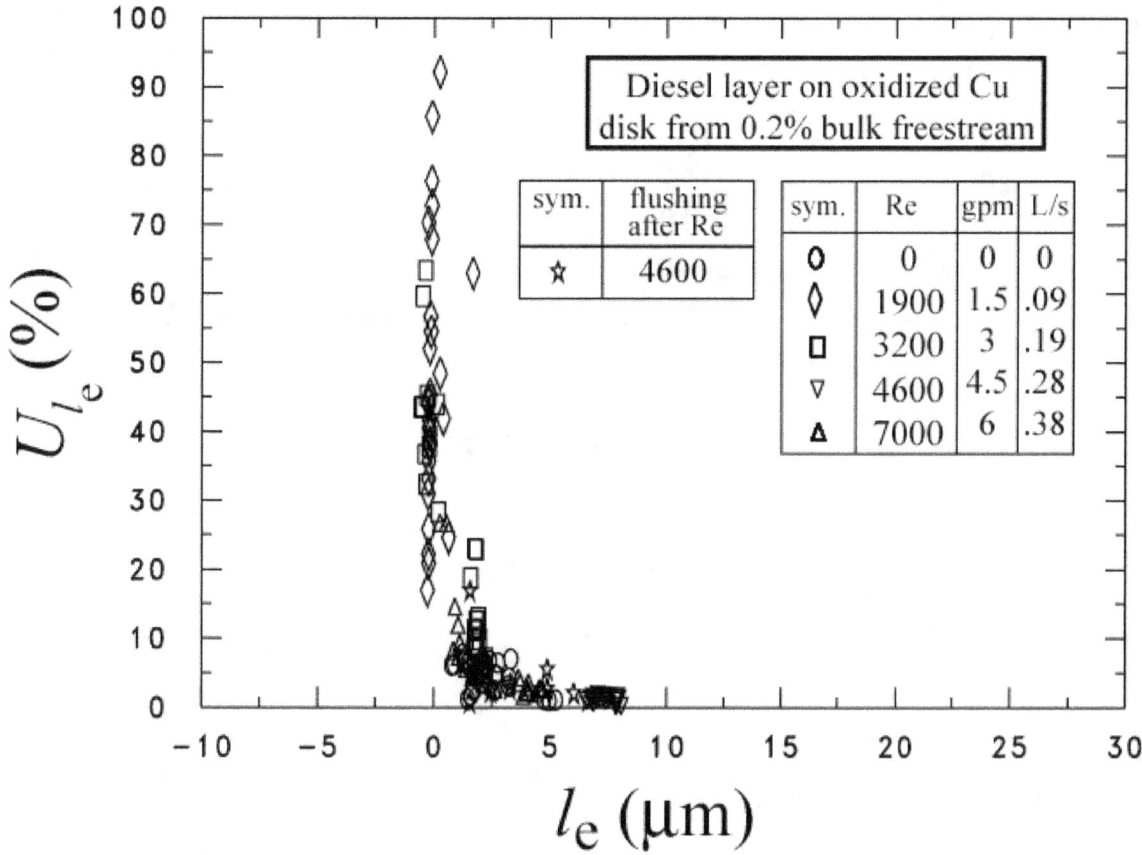

Fig. G.1 Relative uncertainty of l_e for 95 % confidence level and x_b = 0.2 %

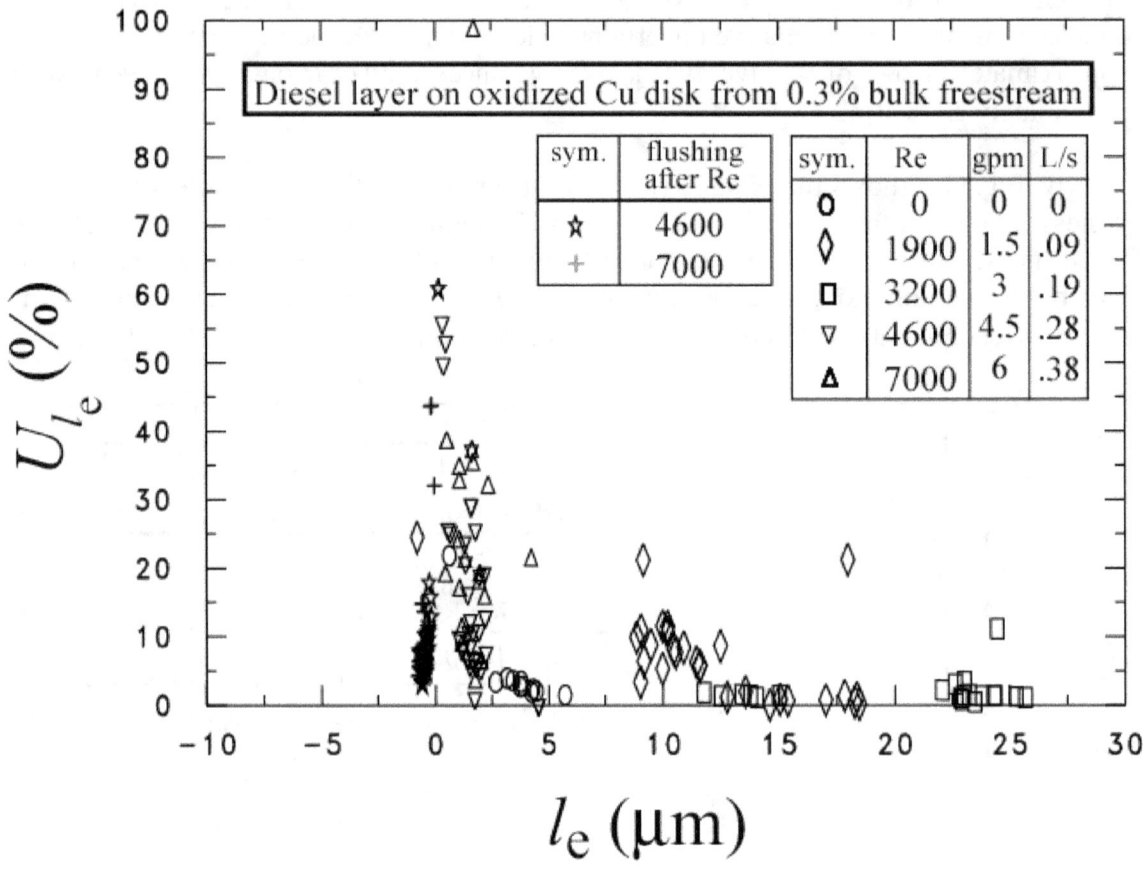

Fig. G.2 Relative uncertainty of l_e for 95 % confidence level and x_b = 0.3 %

APPENDIX H: TABULATED MEASUREMENTS

This appendix provides both raw and reduced tabulated traverse measurements. The raw measurements for the fluorescent intensities used in eq. (2), the salient measured temperatures, the varied path length (l), the exposure time and the water/diesel mixture flow rate are presented in Tables H.1. The data is presented sequentially as blocks of traverse measurements (traverse of typically 13 measurements of l, and intensity while maintaining the flow rate and temperatures) which typically required approximately 10 min to complete. Each block or group of measurements was used to obtain a single value for the diesel excess surface density following the procedure illustrated in Fig. 7.

Reduced measurements including the excess layer thickness following the procedure demonstrated in Fig. 7 are given in Tables H.2. In addition, the excess surface density as calculated from eq. (1), the diesel mass fraction as calculated from eq. (9), the average test section fluid temperature, and the effect of temperature on fluorescence as calculated from eq. (D.1) are provided. The exposure time is the real time measured from the time starting when the clean surface was first exposed to the particular flow rate.

All tables present only a fraction of the measures and are given to provide only an example. Complete data files are available upon request.

Table H.1.1 Diesel contamination on oxidized copper surface for Re = 0 and x_b = 0.2 %

\multicolumn{12}{c}{Diesel contamination on oxidized copper surface for Re = 0 and x_b = 0.2 % (file: trv0con1.tbl)}

F (v)	F_r (v)	F_{100} (v)	F_0 (v)	T_{Ti} (K)	T_{To} (K)	T_a (K)	T_b (K)	l (mm)	Exposure time (s)	Turbine meter m_w (kg/s)	Doppler meter m_w (kg/s)
0.001242	0.001180	0.942209	0.000008	294.3	294.4	297.1	293.6	1.59	792.0000	0.0625		
0.001207	0.001147	0.942209	0.000008	294.3	294.5	296.7	293.6	1.52	842.0000	0.0625		
0.001249	0.001187	0.942209	0.000008	294.4	294.5	297.1	293.6	1.40	894.0000	0.0625		
0.001400	0.001330	0.942209	0.000008	294.4	294.6	297.1	293.6	1.27	945.0000	0.0625		
0.001449	0.001376	0.942209	0.000008	294.4	294.6	296.9	293.6	1.14	995.0000	0.0625		
0.001484	0.001409	0.942209	0.000008	294.5	294.7	297.2	293.6	1.02	1052	0.0000 0.0625		
0.001590	0.001510	0.942209	0.000008	294.5	294.7	296.9	293.6	0.89	1104	0.0000 0.0625		
0.001641	0.001558	0.942209	0.000008	294.5	294.7	296.9	293.6	0.76	1156	0.0000 0.0625		
0.001687	0.001602	0.942209	0.000008	294.6	294.8	297.0	293.6	0.64	1216	0.0000 0.0697		
0.001770	0.001679	0.942209	0.000008	294.6	294.8	296.8	293.6	0.51	1268	0.0000 0.0738		
0.001816	0.001724	0.942209	0.000008	294.6	294.9	297.1	293.6	0.38	1322	0.0000 0.0697		
0.001890	0.001794	0.942209	0.000008	294.6	294.9	297.0	293.6	0.25	1377	0.0000 0.0800		
0.001855	0.001760	0.942209	0.000008	294.7	294.9	296.9	293.6	0.13	1429	0.0000 0.0853		
0.002019	0.001910	0.935436	0.000017	294.8	295.1	297.1	293.6	1.59	1620	0.0000 0.0625		
0.001928	0.001825	0.935436	0.000017	294.8	295.1	297.0	293.6	1.52	1672	0.0000 0.0624		
0.002032	0.001922	0.935436	0.000017	294.8	295.1	297.3	293.6	1.40	1726	0.0000 0.0625		
0.002071	0.001959	0.935436	0.000017	294.8	295.1	297.0	293.6	1.27	1786	0.0000 0.0625		
0.002037	0.001927	0.935436	0.000017	294.8	295.1	297.1	293.6	1.14	1838	0.0000 0.0624		
0.002120	0.002005	0.935436	0.000017	294.9	295.2	297.0	293.6	1.02	1895	0.0000 0.0625		
0.002135	0.002019	0.935436	0.000017	294.9	295.2	297.1	293.6	0.89	1948	0.0000 0.0625		
0.002159	0.002042	0.935436	0.000017	294.9	295.2	297.3	293.6	0.76	2017	0.0000 0.0739		
0.002213	0.002093	0.935436	0.000017	294.9	295.2	297.0	293.6	0.64	2072	0.0000 0.0781		
0.002188	0.002069	0.935436	0.000017	294.9	295.3	297.2	293.6	0.51	2124	0.0000 0.0745		
0.002277	0.002152	0.935436	0.000017	295.0	295.3	297.2	293.6	0.38	2177	0.0000 0.0625		
0.002300	0.002175	0.935436	0.000017	295.0	295.3	297.1	293.6	0.25	2231	0.0000 0.0625		
0.002257	0.002134	0.935436	0.000017	295.0	295.3	297.0	293.6	0.13	2283	0.0000 0.0709		
0.001635	0.001631	0.985852	0.000013	295.5	296.0	297.2	293.6	1.59	6047	0.0000 0.0625		
0.001660	0.001655	0.985852	0.000013	295.5	296.0	296.9	293.6	1.52	6098	0.0000 0.0624		
0.001684	0.001679	0.985852	0.000013	295.5	296.0	297.0	293.6	1.40	6150	0.0000 0.0625		

Table H.1.2 Diesel contamination on oxidized copper surface for Re = 1900 and x_b = 0.2 %

Diesel contamination on oxidized copper surface for Re = 1900 and x_b = 0.2 % (file: trv15con1.tbl)

F (v)	F_r (v)	F_{100} (v)	F_0 (v)	T_{Ti} (K)	T_{To} (K)	T_a (K)	T_b (K)	l (mm)	Exposure time (s)	Turbine meter m_w (kg/s)	Doppler meter m_w (kg/s)
0.003617	0.003772	1.010201	0.000107	295.5	295.5	297.6	293.6	1.59	1008	0.0763	0.1093
0.003411	0.003563	1.010201	0.000107	295.5	295.4	297.7	293.6	1.52	1065	0.0737	0.1058
0.003222	0.003372	1.010201	0.000107	295.4	295.4	297.5	293.6	1.40	1135	0.0759	0.1042
0.003004	0.003151	1.010201	0.000107	295.4	295.4	297.4	293.6	1.27	1179	0.0742	0.1106
0.002763	0.002906	1.010201	0.000107	295.4	295.4	297.8	293.6	1.14	1258	0.0750	0.1004
0.002261	0.002398	1.010201	0.000107	295.4	295.4	297.6	293.6	1.02	1321	0.0755	0.1085
0.002154	0.002289	1.010201	0.000107	295.3	295.3	297.4	293.6	0.89	1392	0.0712	0.1106
0.001791	0.001921	1.010201	0.000107	295.3	295.3	297.6	293.6	0.76	1492	0.0732	0.1222
0.001876	0.002007	1.010201	0.000107	295.3	295.3	297.5	293.6	0.64	1536	0.0742	0.1033
0.001588	0.001716	1.010201	0.000107	295.2	295.3	297.6	293.6	0.51	1574	0.0745	0.1069
0.001351	0.001475	1.010201	0.000107	295.2	295.2	297.5	293.6	0.38	1617	0.0710	0.1023
0.000918	0.001038	1.010201	0.000107	295.2	295.2	297.5	293.6	0.25	1661	0.0720	0.1124
0.000574	0.000688	1.010201	0.000107	295.2	295.2	297.6	293.6	0.13	1705	0.0747	0.1087
0.002523	0.002562	1.008425	0.000018	293.5	293.5	297.6	293.6	1.59	61523	0.0844	0.1042
0.002449	0.002488	1.008425	0.000018	293.5	293.5	297.2	293.6	1.52	61568	0.0874	0.111
0.002293	0.002330	1.008425	0.000018	293.5	293.5	297.6	293.6	1.40	61614	0.0864	0.151
0.002095	0.002131	1.008425	0.000018	293.4	293.4	297.5	293.6	1.27	61656	0.0869	0.167
0.001901	0.001935	1.008425	0.000018	293.4	293.4	297.6	293.6	1.14	61697	0.0870	0.146
0.001768	0.001801	1.008425	0.000018	293.4	293.4	297.3	293.6	1.02	61743	0.0877	0.175
0.001607	0.001638	1.008425	0.000018	293.4	293.4	297.3	293.6	0.89	61782	0.0833	0.163
0.001453	0.001483	1.008425	0.000018	293.4	293.4	297.4	293.6	0.76	61823	0.0866	0.192
0.001238	0.001266	1.008425	0.000018	293.4	293.4	297.2	293.6	0.64	61865	0.0853	0.168
0.001073	0.001100	1.008425	0.000018	293.3	293.4	297.1	293.6	0.51	61905	0.0827	0.161
0.000963	0.000989	1.008425	0.000018	293.3	293.3	297.4	293.6	0.38	61946	0.0866	0.187
0.000763	0.000788	1.008425	0.000018	293.3	293.3	297.1	293.6	0.25	61987	0.0858	0.168
0.000609	0.000632	1.008425	0.000018	293.3	293.3	297.3	293.6	0.13	62026	0.0875	0.157
0.002626	0.002759	1.007386	0.000116	293.3	293.3	297.5	293.6	1.59	62198	0.0833	0.161
0.002493	0.002625	1.007386	0.000116	293.3	293.3	297.7	293.6	1.52	62241	0.0848	0.130
0.002345	0.002476	1.007386	0.000116	293.2	293.2	297.5	293.6	1.40	62282	0.0870	0.108
0.002184	0.002314	1.007386	0.000116	293.2	293.2	297.3	293.6	1.27	62324	0.0853	0.185
0.002013	0.002142	1.007386	0.000116	293.2	293.2	297.2	293.6	1.14	62367	0.0833	0.127
0.001872	0.002001	1.007386	0.000116	293.2	293.2	296.9	293.6	1.02	62409	0.0872	0.105
0.001720	0.001847	1.007386	0.000116	293.2	293.2	297.0	293.6	0.89	62454	0.0852	0.062
0.001540	0.001666	1.007386	0.000116	293.2	293.2	297.3	293.6	0.76	62498	0.0858	0.119
0.001507	0.001633	1.007386	0.000116	293.2	293.2	297.3	293.6	0.64	62539	0.0829	0.194
0.001393	0.001518	1.007386	0.000116	293.2	293.2	297.1	293.6	0.51	62581	0.0862	0.241
0.001258	0.001382	1.007386	0.000116	293.2	293.2	297.2	293.6	0.38	62622	0.0863	0.229
0.001078	0.001201	1.007386	0.000116	293.2	293.2	297.1	293.6	0.25	62664	0.0868	0.238
0.000830	0.000951	1.007386	0.000116	293.2	293.2	297.2	293.6	0.13	62707	0.0843	0.239
0.002796	0.002894	1.012094	0.000064	293.7	293.7	297.5	293.6	1.59	66387	0.0870	0.184
0.002666	0.002762	1.012094	0.000064	293.7	293.7	297.6	293.6	1.52	66427	0.0862	0.222
0.002592	0.002687	1.012094	0.000064	293.6	293.6	297.5	293.6	1.40	66469	0.0845	0.167
0.002529	0.002624	1.012094	0.000064	293.6	293.6	297.6	293.6	1.27	66509	0.0883	0.163
0.003842	0.003952	1.012094	0.000064	293.6	293.6	297.4	293.6	1.14	66551	0.0877	0.179
0.003831	0.003941	1.012094	0.000064	293.6	293.6	297.2	293.6	1.02	66592	0.0877	0.143
0.003148	0.003250	1.012094	0.000064	293.5	293.6	297.4	293.6	0.89	66632	0.0865	0.092
0.002608	0.002703	1.012094	0.000064	293.5	293.5	297.4	293.6	0.76	66709	0.0816	0.067
0.002231	0.002321	1.012094	0.000064	293.5	293.5	297.5	293.6	0.64	66749	0.0836	0.163
0.001971	0.002059	1.012094	0.000064	293.4	293.5	297.7	293.6	0.51	66788	0.0864	0.092
0.001619	0.001702	1.012094	0.000064	293.4	293.4	297.5	293.6	0.38	66829	0.0829	0.110
0.001524	0.001606	1.012094	0.000064	293.4	293.4	297.2	293.6	0.25	66869	0.0872	0.138
0.001461	0.001542	1.012094	0.000064	293.4	293.4	297.1	293.6	0.13	66910	0.0850	0.169
0.003188	0.003266	1.009252	0.000047	294.0	293.9	296.5	293.6	1.59	69847	0.0853	0.064
0.003181	0.003259	1.009252	0.000047	294.0	293.9	296.3	293.6	1.52	69884	0.0834	0.082
0.003045	0.003122	1.009252	0.000047	294.0	293.9	296.5	293.6	1.40	69926	0.0857	0.098
0.002962	0.003038	1.009252	0.000047	294.0	294.0	296.5	293.6	1.27	69967	0.0859	0.106
0.002824	0.002898	1.009252	0.000047	294.0	294.0	296.3	293.6	1.14	70009	0.0862	0.147

Table H.1.3 Diesel contamination on oxidized copper surface for Re = 3200 and x_b = 0.2 %

Diesel contamination on oxidized copper surface for Re = 3200 and x_b = 0.2 % (file: trv3con1.tbl)											
F (v)	F_r (v)	F_{100} (v)	F_0 (v)	T_{Ti} (K)	T_{To} (K)	T_a (K)	T_b (K)	l (mm)	Exposure time (s)	Turbine meter m_w (kg/s)	Doppler meter m_w (kg/s)
0.003391	0.003385	1.002145	-0.000026	296.2	296.1	296.1	293.6	1.59	1521.0	0.1558	0.1596
0.003188	0.003182	1.002145	-0.000026	296.2	296.1	296.0	293.6	1.52	1563.0	0.1512	0.1566
0.003292	0.003286	1.002145	-0.000026	296.2	296.1	296.0	293.6	1.40	1607.0	0.1550	0.1613
0.003003	0.002996	1.002145	-0.000026	296.2	296.2	296.0	293.6	1.27	1706.0	0.1531	0.1577
0.002738	0.002728	1.002145	-0.000026	296.2	296.2	295.9	293.6	1.14	1749.0	0.1509	0.1601
0.002347	0.002335	1.002145	-0.000026	296.2	296.2	295.7	293.6	1.02	1789.0	0.1476	0.1620
0.001922	0.001908	1.002145	-0.000026	296.2	296.2	295.8	293.6	0.89	1831.0	0.1550	0.1634
0.001679	0.001663	1.002145	-0.000026	296.2	296.2	296.5	293.6	0.76	1873.0	0.1453	0.1589
0.001387	0.001369	1.002145	-0.000026	296.2	296.2	296.2	293.6	0.64	1920.0	0.1557	0.1587
0.001198	0.001179	1.002145	-0.000026	296.2	296.2	295.5	293.6	0.51	1966.0	0.1535	0.1517
0.000929	0.000908	1.002145	-0.000026	296.2	296.2	295.8	293.6	0.38	2009.0	0.1550	0.1509
0.000584	0.000561	1.002145	-0.000026	296.2	296.2	296.1	293.6	0.25	2051.0	0.1542	0.1502
0.000082	0.000056	1.002145	-0.000026	296.2	296.2	296.0	293.6	0.13	2092.0	0.1501	0.1481
0.003134	0.003115	1.006735	-0.000052	296.2	296.2	295.8	293.6	1.59	2224.0	0.1470	0.1501
0.002885	0.002864	1.006735	-0.000052	296.2	296.2	295.2	293.6	1.52	2267.0	0.1509	0.1669
0.002841	0.002819	1.006735	-0.000052	296.2	296.1	295.4	293.7	1.40	2310.0	0.1550	0.1654
0.002923	0.002902	1.006735	-0.000052	296.2	296.1	295.5	293.6	1.27	2354.0	0.1535	0.1563
0.002583	0.002558	1.006735	-0.000052	296.1	296.1	295.5	293.6	1.14	2401.0	0.1480	0.1649
0.002263	0.002235	1.006735	-0.000052	296.1	296.1	296.0	293.6	1.02	2442.0	0.1498	0.1600
0.001828	0.001795	1.006735	-0.000052	296.1	296.1	295.8	293.6	0.89	2482.0	0.1546	0.1587
0.001410	0.001373	1.006735	-0.000052	296.1	296.1	295.4	293.6	0.76	2524.0	0.1523	0.1517
0.001121	0.001081	1.006735	-0.000052	296.1	296.1	296.1	293.6	0.64	2569.0	0.1516	0.1553
0.000973	0.000931	1.006735	-0.000052	296.1	296.0	295.5	293.6	0.51	2775.0	0.1487	0.1572
0.000673	0.000628	1.006735	-0.000052	296.0	296.0	295.7	293.6	0.38	2819.0	0.1487	0.1486
0.000397	0.000349	1.006735	-0.000052	296.0	296.0	295.8	293.6	0.25	2862.0	0.1531	0.1543
0.000080	0.000029	1.006735	-0.000052	296.0	296.0	295.8	293.6	0.13	2903.0	0.1466	0.1421
0.002741	0.002780	1.007206	0.000016	294.4	294.4	296.2	293.6	1.59	5441.0	0.1543	0.1350
0.002670	0.002709	1.007206	0.000016	294.4	294.4	296.6	293.6	1.52	5486.0	0.1535	0.1459
0.002594	0.002632	1.007206	0.000016	294.4	294.3	296.6	293.6	1.40	5531.0	0.1550	0.1662
0.002476	0.002512	1.007206	0.000016	294.3	294.3	296.6	293.6	1.27	5572.0	0.1562	0.1552
0.002236	0.002270	1.007206	0.000016	294.3	294.3	296.5	293.6	1.14	5619.0	0.1509	0.1455
0.001912	0.001944	1.007206	0.000016	294.3	294.3	296.8	293.6	1.02	5660.0	0.1532	0.1485
0.001566	0.001595	1.007206	0.000016	294.2	294.2	296.9	293.6	0.89	5702.0	0.1488	0.1517
0.001214	0.001240	1.007206	0.000016	294.2	294.2	296.4	293.6	0.76	5744.0	0.1528	0.1430
0.000993	0.001017	1.007206	0.000016	294.2	294.2	296.4	293.6	0.64	5783.0	0.1488	0.1453
0.000791	0.000813	1.007206	0.000016	294.1	294.1	296.0	293.6	0.51	5824.0	0.1477	0.1454
0.000601	0.000622	1.007206	0.000016	294.1	294.1	296.5	293.6	0.38	5866.0	0.1554	0.1476
0.000331	0.000350	1.007206	0.000016	294.1	294.1	295.8	293.6	0.25	5909.0	0.1539	0.1425
0.000083	0.000100	1.007206	0.000016	294.0	294.0	295.7	293.6	0.13	5957.0	0.1481	0.1432
0.002855	0.002877	0.994473	0.000026	293.2	293.2	296.4	293.7	1.59	8736.0	0.1562	0.1391
0.002723	0.002746	0.994473	0.000026	293.2	293.2	296.1	293.7	1.52	8776.0	0.1562	0.1290
0.002447	0.002470	0.994473	0.000026	293.2	293.2	296.3	293.6	1.40	8821.0	0.1570	0.1307
0.002283	0.002307	0.994473	0.000026	293.3	293.2	296.1	293.6	1.27	8865.0	0.1524	0.1531
0.002136	0.002160	0.994473	0.000026	293.3	293.3	295.9	293.7	1.14	8906.0	0.1502	0.1457
0.001921	0.001946	0.994473	0.000026	293.3	293.3	295.9	293.6	1.02	8946.0	0.1547	0.1348
0.001659	0.001683	0.994473	0.000026	293.3	293.3	296.0	293.6	0.89	8988.0	0.1513	0.1328
0.001420	0.001445	0.994473	0.000026	293.3	293.3	296.7	293.6	0.76	9028.0	0.1521	0.1226
0.001140	0.001165	0.994473	0.000026	293.3	293.3	296.6	293.7	0.64	9070.0	0.1528	0.1392
0.000918	0.000943	0.994473	0.000026	293.4	293.3	296.3	293.6	0.51	9116.0	0.1578	0.1413
0.000610	0.000636	0.994473	0.000026	293.4	293.3	296.3	293.6	0.38	9162.0	0.1547	0.1407
0.000373	0.000399	0.994473	0.000026	293.4	293.4	296.1	293.6	0.25	9204.0	0.1502	0.1482
0.000174	0.000200	0.994473	0.000026	293.4	293.4	296.0	293.6	0.13	9244.0	0.1506	0.1494
0.002669	0.002642	0.986360	0.000010	293.5	293.5	296.1	293.7	1.59	9383.0	0.1559	0.1608
0.002560	0.002534	0.986360	0.000010	293.5	293.5	296.7	293.7	1.52	9424.0	0.1510	0.1470
0.002486	0.002462	0.986360	0.000010	293.5	293.5	296.8	293.6	1.40	9465.0	0.1543	0.1328
0.002299	0.002278	0.986360	0.000010	293.5	293.5	296.8	293.6	1.27	9506.0	0.1543	0.1282
0.002114	0.002095	0.986360	0.000010	293.6	293.5	296.9	293.6	1.14	9548.0	0.1562	0.1415
0.001922	0.001905	0.986360	0.000010	293.6	293.6	296.5	293.6	1.02	9592.0	0.1558	0.1516

Table H.1.4 Diesel contamination on oxidized copper surface for Re = 4600 and x_b = 0.2 %

Diesel contamination on oxidized copper surface for Re = 4600 and x_b = 0.2 % (file: trv45con1.tbl)												
F (v)	F_r (v)	F_{100} (v)	F_0 (v)	T_{Ti} (K)	T_{To} (K)	T_a (K)	T_b (K)	l (mm)	Exposure time (s)	Turbine meter m_w (kg/s)	Doppler meter m_w (kg/s)
0.0071260	0.007198	1.006097	0.000032	293.4	293.4	294.7	293.6	1.59	236041	0.2280	0.2502
0.007096	0.007168	1.006097	0.000032	293.4	293.4	294.5	293.6	1.52	236081	0.2305	0.2517
0.007047	0.007119	1.006097	0.000032	293.4	293.4	294.6	293.6	1.40	236122	0.2191	0.2518
0.007094	0.007166	1.006097	0.000032	293.4	293.4	294.7	293.6	1.27	236166	0.2280	0.2526
0.007073	0.007145	1.006097	0.000032	293.4	293.4	294.6	293.6	1.14	236207	0.2264	0.2534
0.007054	0.007126	1.006097	0.000032	293.4	293.4	294.7	293.6	1.02	236249	0.2238	0.2539
0.007076	0.007148	1.006097	0.000032	293.4	293.4	294.7	293.6	0.89	236293	0.2255	0.2511
0.007170	0.007242	1.006097	0.000032	293.4	293.4	294.7	293.6	0.76	236338	0.2169	0.2425
0.007069	0.007141	1.006097	0.000032	293.4	293.4	295.0	293.6	0.64	236382	0.2264	0.2245
0.007079	0.007151	1.006097	0.000032	293.4	293.4	294.9	293.6	0.51	236423	0.2199	0.2101
0.007225	0.007299	1.006097	0.000032	293.4	293.4	294.9	293.6	0.38	236464	0.2222	0.1988
0.007117	0.007190	1.006097	0.000032	293.4	293.4	294.6	293.6	0.25	236505	0.2176	0.1980
0.007247	0.007321	1.006097	0.000032	293.5	293.4	294.6	293.6	0.13	236554	0.2246	0.1958
0.007107	0.007254	1.010847	0.000072	293.5	293.5	294.7	293.6	1.59	236711	0.2215	0.2049
0.007205	0.007205	1.010847	0.000072	293.6	293.5	294.4	293.6	1.52	236754	0.2246	0.2016
0.006926	0.007071	1.010847	0.000072	293.6	293.5	294.4	293.6	1.40	236797	0.2215	0.2097
0.006983	0.007130	1.010847	0.000072	293.6	293.6	294.6	293.6	1.27	236838	0.2215	0.2197
0.007073	0.007221	1.010847	0.000072	293.6	293.6	294.7	293.6	1.14	236883	0.2223	0.2426
0.006951	0.007097	1.010847	0.000072	293.6	293.6	294.0	293.6	1.02	236931	0.2184	0.2300
0.007007	0.007155	1.010847	0.000072	293.6	293.6	294.4	293.6	0.89	236982	0.2176	0.2184
0.007060	0.007208	1.010847	0.000072	293.7	293.6	294.6	293.6	0.76	237026	0.2146	0.2313
0.006998	0.007146	1.010847	0.000072	293.7	293.7	294.7	293.6	0.64	237070	0.2288	0.2428
0.007111	0.007260	1.010847	0.000072	293.7	293.7	294.8	293.6	0.51	237111	0.2161	0.2415
0.007065	0.007214	1.010847	0.000072	293.8	293.7	294.7	293.6	0.38	237152	0.2154	0.2009
0.007105	0.007255	1.010847	0.000072	293.8	293.8	294.6	293.6	0.25	237198	0.2231	0.2004
0.007172	0.007323	1.010847	0.000072	293.8	293.8	294.6	293.6	0.13	237241	0.2314	0.1928
0.006849	0.007022	1.014358	0.000078	293.4	293.4	294.6	293.7	1.59	240174	0.2232	0.2063
0.006815	0.006988	1.014358	0.000078	293.4	293.4	294.8	293.6	1.52	240224	0.2185	0.2267
0.006847	0.007020	1.014358	0.000078	293.4	293.4	294.6	293.6	1.40	240267	0.2184	0.2373
0.006850	0.007023	1.014358	0.000078	293.4	293.4	294.6	293.6	1.27	240313	0.2200	0.2540
0.006814	0.006986	1.014358	0.000078	293.4	293.4	294.6	293.6	1.14	240355	0.2192	0.2564
0.006853	0.007025	1.014358	0.000078	293.4	293.4	294.6	293.6	1.02	240396	0.2185	0.2566
0.006883	0.007056	1.014358	0.000078	293.4	293.4	294.8	293.6	0.89	240460	0.2263	0.2379
0.006854	0.007027	1.014358	0.000078	293.4	293.4	294.9	293.6	0.76	240502	0.2264	0.2355
0.006924	0.007098	1.014358	0.000078	293.4	293.4	294.9	293.6	0.64	240546	0.2192	0.2505
0.006944	0.007118	1.014358	0.000078	293.4	293.4	295.1	293.6	0.51	240591	0.2255	0.2512
0.007005	0.007180	1.014358	0.000078	293.4	293.4	294.9	293.6	0.38	240635	0.2169	0.2541
0.007047	0.007223	1.014358	0.000078	293.4	293.4	294.8	293.6	0.25	240679	0.2232	0.2533
0.007078	0.007254	1.014358	0.000078	293.4	293.4	294.8	293.6	0.13	240723	0.2154	0.2519
0.006790	0.006826	1.005077	-0.000003	294.1	294.0	295.3	293.6	1.59	243116	0.2231	0.2427
0.006786	0.006814	1.005077	-0.000003	294.0	294.0	295.5	293.6	1.52	243163	0.2296	0.2392
0.006690	0.006725	1.005077	-0.000003	294.0	294.0	295.7	293.6	1.40	243213	0.2255	0.2352
0.006790	0.006825	1.005077	-0.000003	294.0	294.0	295.4	293.6	1.27	243257	0.2215	0.2321
0.006798	0.006833	1.005077	-0.000003	294.0	294.0	295.1	293.6	1.14	243301	0.2131	0.2323
0.006825	0.006860	1.005077	-0.000003	294.0	293.9	295.1	293.6	1.02	243345	0.2231	0.2397
0.006816	0.006851	1.005077	-0.000003	294.0	293.9	295.0	293.6	0.89	243390	0.2138	0.2493
0.006828	0.006863	1.005077	-0.000003	293.9	293.9	295.4	293.6	0.76	243433	0.2296	0.2424
0.006875	0.006910	1.005077	-0.000003	293.9	293.9	295.3	293.6	0.64	243474	0.2263	0.2402
0.006892	0.006927	1.005077	-0.000003	293.9	293.9	295.1	293.6	0.51	243515	0.2255	0.2316
0.006982	0.007017	1.005077	-0.000003	293.9	293.9	295.0	293.6	0.38	243556	0.2223	0.2139
0.006975	0.007010	1.005077	-0.000003	293.9	293.9	294.8	293.6	0.25	243596	0.2177	0.2067
0.006999	0.007034	1.005077	-0.000003	293.9	293.9	294.8	293.6	0.13	243639	0.2239	0.2073
0.006855	0.006929	1.005073	0.000038	293.8	293.8	295.2	293.6	1.59	243799	0.2247	0.1886
0.006817	0.006890	1.005073	0.000038	293.8	293.8	295.1	293.6	1.52	243844	0.2223	0.1999
0.006834	0.006907	1.005073	0.000038	293.8	293.8	295.0	293.6	1.40	243886	0.2247	0.2027
0.006828	0.006901	1.005073	0.000038	293.8	293.7	294.9	293.6	1.27	243929	0.2200	0.2222
0.006852	0.006925	1.005073	0.000038	293.7	293.7	294.9	293.6	1.14	243972	0.2247	0.2475

Table H.1.5 Diesel contamination on oxidized copper surface for Re = 7000 and x_b = 0.2 %

| Diesel contamination on oxidized copper surface for Re = 7000 and x_b = 0.2 % (file:trv6con1.tbl) |||||||||| Exposure time (s) | Turbine meter m_w (kg/s) | Doppler meter m_w (kg/s) |
F (v)	F_r (v)	F_{100} (v)	F_0 (v)	T_{Ti} (K)	T_{To} (K)	T_a (K)	T_b (K)	l (mm)			
0.002504	0.002483	1.005823	-0.000050	297.5	297.5	296.8	293.7	1.59	4639	0.3299	0.3423
0.002400	0.002378	1.005823	-0.000050	297.5	297.5	296.6	293.7	1.52	4684	0.3265	0.3417
0.02268	0.002245	1.005823	-0.000050	297.6	297.5	297.0	293.7	1.40	4728	0.3215	0.3391
0.002026	0.002000	1.005823	-0.000050	297.6	297.6	297.1	293.7	1.27	4771	0.3167	0.3415
0.001853	0.001825	1.005823	-0.000050	297.6	297.6	296.9	293.7	1.14	4813	0.3300	0.3453
0.001738	0.001709	1.005823	-0.000050	297.7	297.6	296.9	293.7	1.02	4857	0.3181	0.3406
0.001519	0.001487	1.005823	-0.000050	297.7	297.7	296.8	293.7	0.89	4900	0.3333	0.3420
0.001320	0.001285	1.005823	-0.000050	297.7	297.7	296.8	293.7	0.76	4943	0.3214	0.3377
0.001150	0.001114	1.005823	-0.000050	297.8	297.7	296.9	293.6	0.64	4987	0.3249	0.3425
0.000987	0.000949	1.005823	-0.000050	297.8	297.8	297.0	293.6	0.51	5029	0.3282	0.3401
0.000803	0.000762	1.005823	-0.000050	297.8	297.8	297.1	293.7	0.38	5075	0.3214	0.3392
0.000611	0.000568	1.005823	-0.000050	297.8	297.8	296.9	293.7	0.25	5121	0.3133	0.3435
0.000479	0.000434	1.005823	-0.000050	297.9	297.8	297.1	293.7	0.13	5163	0.3352	0.3391
0.002624	0.002647	1.006991	-0.000013	297.9	297.9	296.8	293.7	1.59	5325	0.3232	0.3398
0.002535	0.002557	1.006991	-0.000013	297.9	297.9	297.0	293.7	1.52	5366	0.3182	0.3404
0.002339	0.002358	1.006991	-0.000013	298.0	297.9	296.9	293.7	1.40	5412	0.3181	0.3514
0.002156	0.002172	1.006991	-0.000013	298.0	297.9	297.0	293.7	1.27	5459	0.3197	0.3590
0.001968	0.001982	1.006991	-0.000013	298.0	297.9	297.2	293.7	1.14	5511	0.3231	0.3589
0.001751	0.001762	1.006991	-0.000013	298.0	297.9	297.0	293.7	1.02	5554	0.3299	0.3511
0.001554	0.001562	1.006991	-0.000013	298.0	298.0	297.0	293.7	0.89	5600	0.3317	0.3442
0.001390	0.001396	1.006991	-0.000013	298.0	298.0	296.8	293.7	0.76	5643	0.3282	0.3571
0.001155	0.001158	1.006991	-0.000013	298.0	298.0	296.9	293.7	0.64	5685	0.3165	0.3454
0.000955	0.000955	1.006991	-0.000013	298.0	298.0	297.0	293.7	0.51	5726	0.3317	0.3504
0.000762	0.000759	1.006991	-0.000013	298.0	298.0	297.0	293.7	0.38	5771	0.3299	0.3401
0.000603	0.000598	1.006991	-0.000013	298.0	298.0	296.9	293.7	0.25	5818	0.3317	0.3394
0.000443	0.000436	1.006991	-0.000013	298.0	298.0	297.0	293.7	0.13	5865	0.3214	0.3467
0.002757	0.002840	1.004241	0.000055	297.4	297.3	297.5	293.7	1.59	7893	0.3316	0.3527
0.002633	0.002714	1.004241	0.000055	297.3	297.3	297.7	293.7	1.52	7942	0.3408	0.3492
0.002596	0.002676	1.004241	0.000055	297.3	297.3	297.7	293.7	1.40	7988	0.3249	0.3486
0.002495	0.002574	1.004241	0.000055	297.3	297.3	297.4	293.7	1.27	8031	0.3335	0.3486
0.002276	0.002354	1.004241	0.000055	297.3	297.3	297.4	293.7	1.14	8072	0.3370	0.3499
0.002094	0.002169	1.004241	0.000055	297.2	297.2	297.5	293.7	1.02	8115	0.3166	0.3528
0.001767	0.001840	1.004241	0.000055	297.2	297.2	297.6	293.7	0.89	8159	0.3282	0.3562
0.001538	0.001608	1.004241	0.000055	297.2	297.2	297.5	293.7	0.76	8202	0.3197	0.3500
0.001401	0.001469	1.004241	0.000055	297.2	297.2	297.4	293.7	0.64	8245	0.3264	0.3524
0.001210	0.001276	1.004241	0.000055	297.2	297.1	297.5	293.7	0.51	8296	0.3335	0.3529
0.001021	0.001086	1.004241	0.000055	297.1	297.1	297.4	293.7	0.38	8341	0.3266	0.3500
0.000822	0.000884	1.004241	0.000055	297.1	297.1	297.5	293.7	0.25	8392	0.3248	0.3483
0.000718	0.000780	1.004241	0.000055	297.1	297.1	297.6	293.7	0.13	8449	0.3335	0.3437
0.003012	0.003122	1.010220	0.000071	295.4	295.4	297.5	293.7	1.59	11766	0.3337	0.3416
0.002916	0.003025	1.010220	0.000071	295.4	295.4	297.5	293.7	1.52	11806	0.3319	0.3414
0.002828	0.002936	1.010220	0.000071	295.4	295.4	297.4	293.7	1.40	11848	0.3372	0.3358
0.002715	0.002821	1.010220	0.000071	295.4	295.4	297.4	293.7	1.27	11894	0.3372	0.3367
0.002608	0.002713	1.010220	0.000071	295.3	295.3	297.5	293.7	1.14	11937	0.3184	0.3550
0.002429	0.002531	1.010220	0.000071	295.3	295.3	297.6	293.7	1.02	11984	0.3266	0.3483
0.002213	0.002313	1.010220	0.000071	295.3	295.3	297.6	293.7	0.89	12032	0.3250	0.3441
0.002003	0.002100	1.010220	0.000071	295.3	295.3	297.5	293.7	0.76	12082	0.3354	0.3192
0.001850	0.001945	1.010220	0.000071	295.3	295.3	297.5	293.7	0.64	12124	0.3374	0.3216
0.001622	0.001714	1.010220	0.000071	295.2	295.2	297.5	293.7	0.51	12168	0.3337	0.3134
0.001473	0.001564	1.010220	0.000071	295.2	295.2	297.7	293.7	0.38	12208	0.3216	0.3164
0.001245	0.001333	1.010220	0.000071	295.2	295.2	297.4	293.7	0.25	12252	0.3284	0.3298
0.001071	0.001156	1.010220	0.000071	295.2	295.2	297.6	293.7	0.13	12298	0.3284	0.3386
0.003126	0.003182	1.005162	0.000033	295.1	295.1	297.4	293.7	1.59	12461	0.3266	0.3588
0.003037	0.003092	1.005162	0.000033	295.1	295.1	297.4	293.7	1.52	12506	0.3216	0.3555
0.002849	0.002903	1.005162	0.000033	295.1	295.1	297.5	293.7	1.40	12550	0.3354	0.3592
0.002710	0.002763	1.005162	0.000033	295.0	295.0	297.3	293.7	1.27	12595	0.3185	0.3491
0.002642	0.002694	1.005162	0.000033	295.0	295.0	297.6	293.7	1.14	12637	0.3267	0.3426

Table H.1.6 Tap water flushing after Re = 4600 contamination tests at x_b = 0.2 %

Tap water flushing after Re = 4600 contamination tests at x_b = 0.2 % (file:flsh45c1.tbl)											
F (v)	F_r (v)	F_{100} (v)	F_0 (v)	T_{Ti} (K)	T_{To} (K)	T_a (K)	T_b (K)	l (mm)	Exposure time (s)	Turbine meter m_w (kg/s)	Doppler meter m_w (kg/s)
0.004939	0.004940	0.996651	-.000033	300.0	300.1	295.2	293.6	1.59	2413.	N/A	N/A
0.004815	0.004814	0.996651	-.000033	299.9	300.0	295.5	293.6	1.52	2467.	N/A	N/A
0.004740	0.004738	0.996651	-.000033	299.9	299.9	295.3	293.6	1.40	2522.	N/A	N/A
0.004705	0.004703	0.996651	-.000033	299.9	299.9	295.6	293.6	1.27	2574.	N/A	N/A
0.004696	0.004693	0.996651	-.000033	299.8	299.8	295.6	293.6	1.14	2634.	N/A	N/A
0.004677	0.004674	0.996651	-.000033	299.8	299.8	295.5	293.6	1.02	2686.	N/A	N/A
0.004686	0.004683	0.996651	-.000033	299.7	299.7	295.4	293.6	0.89	2744.	N/A	N/A
0.004756	0.004753	0.996651	-.000033	299.7	299.7	295.6	293.6	0.76	2796.	N/A	N/A
0.004820	0.004817	0.996651	-.000033	299.6	299.6	295.3	293.5	0.64	2849.	N/A	N/A
0.004874	0.004870	0.996651	-.000033	299.5	299.5	295.2	293.6	0.51	2898.	N/A	N/A
0.004914	0.004909	0.996651	-.000033	299.4	299.4	295.3	293.6	0.38	2953.	N/A	N/A
0.004973	0.004968	0.996651	-.000033	299.4	299.3	295.4	293.6	0.25	3000.	N/A	N/A
0.004295	0.004363	0.994784	0.000053	299.1	299.1	295.7	293.6	1.59	3214.	N/A	N/A
0.004260	0.004327	0.994784	0.000053	299.0	299.0	295.7	293.6	1.40	3271.	N/A	N/A
0.004307	0.004374	0.994784	0.000053	299.0	298.9	295.7	293.6	1.14	3326.	N/A	N/A
0.004450	0.004518	0.994784	0.000053	298.9	298.9	295.8	293.6	0.89	3380.	N/A	N/A
0.004456	0.004524	0.994784	0.000053	298.9	298.8	295.8	293.6	0.76	3430.	N/A	N/A
0.004555	0.004622	0.994784	0.000053	298.8	298.8	295.7	293.6	0.64	3481.	N/A	N/A
0.004656	0.004723	0.994784	0.000053	298.8	298.7	295.7	293.6	0.51	3530.	N/A	N/A
0.004733	0.004799	0.994784	0.000053	298.7	298.7	295.8	293.6	0.38	3581.	N/A	N/A
0.004788	0.004854	0.994784	0.000053	298.7	298.6	296.0	293.6	0.25	3631.	N/A	N/A
0.004939	0.005006	0.994784	0.000053	298.6	298.6	296.0	293.6	0.13	3684.	N/A	N/A
0.003415	0.003450	1.009424	0.000007	292.8	292.7	295.3	293.6	1.59	25131.	N/A	N/A
0.003385	0.003419	1.009424	0.000007	292.8	292.7	295.4	293.6	1.40	25189.	N/A	N/A
0.003506	0.003542	1.009424	0.000007	292.8	292.7	295.3	293.6	1.14	25244.	N/A	N/A
0.003575	0.003611	1.009424	0.000007	292.8	292.7	295.3	293.6	0.89	25297.	N/A	N/A
0.003776	0.003814	1.009424	0.000007	292.8	292.7	295.4	293.6	0.64	25351.	N/A	N/A
0.003805	0.003843	1.009424	0.000007	292.8	292.7	295.3	293.6	0.51	25403.	N/A	N/A
0.003859	0.003897	1.009424	0.000007	292.8	292.7	295.4	293.6	0.38	25455.	N/A	N/A
0.004004	0.004044	1.009424	0.000007	292.8	292.7	295.5	293.6	0.25	25506.	N/A	N/A
0.004149	0.004189	1.009424	0.000007	292.8	292.7	295.5	293.6	0.13	25557.	N/A	N/A
0.003426	0.003475	1.007668	0.000027	292.9	292.8	295.3	293.6	1.59	25789.	N/A	N/A
0.003328	0.003377	1.007668	0.000027	292.9	292.8	295.4	293.6	1.40	25844.	N/A	N/A
0.003477	0.003527	1.007668	0.000027	292.9	292.8	295.6	293.6	1.14	25894.	N/A	N/A
0.003526	0.003576	1.007668	0.000027	292.8	292.8	295.5	293.6	0.89	25951.	N/A	N/A
0.003649	0.003700	1.007668	0.000027	292.9	292.8	295.3	293.6	0.64	26010.	N/A	N/A
0.003825	0.003878	1.007668	0.000027	292.9	292.9	295.5	293.6	0.38	26058.	N/A	N/A
0.004136	0.004190	1.007668	0.000027	292.9	292.9	295.4	293.6	0.13	26106.	N/A	N/A
0.002337	0.003209	1.001896	0.000868	293.9	293.9	295.2	293.6	1.59	83821.	N/A	N/A
0.002272	0.002414	1.002567	0.000135	294.0	293.9	295.4	293.6	1.52	84083.	N/A	N/A
0.002263	0.002405	1.002567	0.000135	293.9	293.9	295.4	293.6	1.40	84145.	N/A	N/A
0.002284	0.002426	1.002567	0.000135	294.0	293.9	295.6	293.6	1.27	84204.	N/A	N/A
0.002328	0.002470	1.002567	0.000135	294.0	293.9	295.5	293.6	1.14	84256.	N/A	N/A
0.002313	0.002455	1.002567	0.000135	294.0	293.9	295.4	293.6	1.02	84311.	N/A	N/A
0.002436	0.002578	1.002567	0.000135	293.9	293.9	295.5	293.6	0.89	84369.	N/A	N/A
0.002417	0.002559	1.002567	0.000135	293.9	293.9	295.5	293.6	0.76	84456.	N/A	N/A
0.002492	0.002635	1.002567	0.000135	293.9	293.9	295.6	293.6	0.64	84513.	N/A	N/A
0.002559	0.002702	1.002567	0.000135	293.9	293.9	295.5	293.6	0.51	84590.	N/A	N/A
0.002583	0.002725	1.002567	0.000135	294.0	293.9	295.5	293.6	0.38	84641.	N/A	N/A
0.002656	0.002799	1.002567	0.000135	293.9	293.9	295.6	293.6	0.25	84697.	N/A	N/A
0.002766	0.002909	1.002567	0.000135	294.0	293.9	295.5	293.6	0.13	84755.	N/A	N/A
0.002256	0.002399	1.002415	0.000137	294.1	294.0	295.6	293.6	1.59	85420.	N/A	N/A
0.002223	0.002366	1.002415	0.000137	294.1	294.0	295.4	293.6	1.52	85482.	N/A	N/A
0.002229	0.002373	1.002415	0.000137	294.1	294.0	295.4	293.6	1.40	85542.	N/A	N/A
0.002258	0.002402	1.002415	0.000137	294.1	294.0	295.4	293.6	1.27	85595.	N/A	N/A
0.002341	0.002485	1.002415	0.000137	294.1	294.0	295.5	293.6	1.14	85648.	N/A	N/A
0.002334	0.002478	1.002415	0.000137	294.1	294.0	295.5	293.6	1.02	85697.	N/A	N/A

Table H.1.7 Diesel contamination on oxidized copper surface for Re = 0 and x_b = 0.3 %

Diesel contamination on oxidized copper surface for Re = 0 and x_b = 0.3 % (file:trv0con2.tbl)												
F (v)	F_r (v)	F_{100} (v)	F_0 (v)	T_{Ti} (K)	T_{To} (K)	T_a (K)	T_b (K)	l (mm)	Exposure time (s)	Turbine meter m_w (kg/s)	Doppler meter m_w (kg/s)
0.004440	0.004456	1.007538	-0.000029	295.4	295.4	294.5	293.7	1.59	2476.0000		0.0626
0.004311	0.004326	1.007538	-0.000029	295.4	295.4	294.6	293.7	1.52	2532.0000		0.0627
0.004052	0.004052	1.007538	-0.000029	295.4	295.3	294.5	293.7	1.40	2592.0000		0.0626
0.003770	0.003779	1.007538	-0.000029	295.4	295.3	294.4	293.7	1.27	2647.0000		0.0626
0.003469	0.003475	1.007538	-0.000029	295.4	295.3	294.5	293.7	1.14	2702.0000		0.0626
0.003200	0.003204	1.007538	-0.000029	295.3	295.3	294.5	293.7	1.02	2763.0000		0.0627
0.002949	0.002949	1.007538	-0.000029	295.3	295.3	294.4	293.7	0.89	2823.0000		0.0626
0.002672	0.002670	1.007538	-0.000029	295.3	295.3	294.4	293.7	0.76	2880.0000		0.0626
0.002325	0.002319	1.007538	-0.000029	295.3	295.3	294.4	293.7	0.64	2939.0000		0.0626
0.002060	0.002052	1.007538	-0.000029	295.3	295.2	294.3	293.7	0.51	3000.0000		0.0626
0.001739	0.001727	1.007538	-0.000029	295.3	295.2	294.4	293.7	0.38	3056.0000		0.0626
0.001418	0.001404	1.007538	-0.000029	295.3	295.2	294.4	293.7	0.25	3118.0000		0.0627
0.001074	0.001055	1.007538	-0.000029	295.3	295.2	294.6	293.7	0.13	3178.0000		0.0626
0.004750	0.004793	1.009045	-0.000006	294.4	294.8	294.1	293.7	1.59	406843.0000		0.0713
0.004606	0.004648	1.009045	-0.000006	294.4	294.7	294.1	293.7	1.52	406899.0000		0.0792
0.004393	0.004432	1.009045	-0.000006	294.4	294.8	294.1	293.7	1.40	406954.0000		0.0741
0.004173	0.004211	1.009045	-0.000006	294.4	294.8	294.1	293.7	1.27	407010.0000		0.0734
0.003978	0.004013	1.009045	-0.000006	294.4	294.7	294.1	293.7	1.14	407063.0000		0.0807
0.003783	0.003816	1.009045	-0.000006	294.4	294.8	294.1	293.7	1.02	407122.0000		0.0793
0.003533	0.003564	1.009045	-0.000006	294.4	294.8	294.2	293.7	0.89	407178.0000		0.0808
0.003261	0.003289	1.009045	-0.000006	294.4	294.8	294.1	293.7	0.76	407234.0000		0.0738
0.003042	0.003067	1.009045	-0.000006	294.4	294.8	294.1	293.7	0.64	407289.0000		0.0788
0.002831	0.002854	1.009045	-0.000006	294.4	294.8	294.1	293.7	0.51	407354.0000		0.0823
0.002561	0.002581	1.009045	-0.000006	294.4	294.8	294.1	293.7	0.38	407410.0000		0.0779
0.002334	0.002352	1.009045	-0.000006	294.4	294.8	294.1	293.7	0.25	407466.0000		0.0794
0.001987	0.002001	1.009045	-0.000006	294.4	294.8	294.1	293.7	0.13	407521.0000		0.0817
0.005085	0.005157	1.000987	0.000058	294.5	294.9	294.3	293.7	1.59	410253.0000		0.0793
0.005006	0.005077	1.000987	0.000058	294.5	294.9	294.2	293.7	1.52	410306.0000		0.0785
0.004853	0.004923	1.000987	0.000058	294.5	294.9	294.3	293.7	1.40	410359.0000		0.0755
0.004663	0.004733	1.000987	0.000058	294.5	294.9	294.2	293.7	1.27	410412.0000		0.0803
0.004474	0.004544	1.000987	0.000058	294.5	294.9	294.2	293.7	1.14	410468.0000		0.0799
0.004302	0.004371	1.000987	0.000058	294.5	294.9	294.2	293.7	1.02	410522.0000		0.0747
0.004080	0.004149	1.000987	0.000058	294.5	294.9	294.2	293.7	0.89	410577.0000		0.0721
0.003813	0.003881	1.000987	0.000058	294.5	294.9	294.2	293.7	0.76	410632.0000		0.0768
0.003700	0.003768	1.000987	0.000058	294.5	294.9	294.3	293.7	0.64	410685.0000		0.0627
0.003460	0.003527	1.000987	0.000058	294.5	294.9	294.3	293.7	0.51	410739.0000		0.0627
0.003296	0.003363	1.000987	0.000058	294.5	294.9	294.3	293.7	0.38	410798.0000		0.0627
0.003000	0.003066	1.000987	0.000058	294.5	294.9	294.3	293.7	0.25	410853.0000		0.0627
0.002693	0.002758	1.000987	0.000058	294.5	294.9	294.3	293.7	0.13	410915.0000		0.0627
0.005401	0.005435	1.003869	0.000004	294.6	295.1	294.2	293.7	1.59	414268.0000		0.0740
0.005254	0.005287	1.003869	0.000004	294.6	295.1	294.2	293.7	1.52	414324.0000		0.0789
0.005067	0.005099	1.003869	0.000004	294.6	295.1	294.2	293.7	1.40	414380.0000		0.0780
0.004929	0.004961	1.003869	0.000004	294.6	295.1	294.2	293.7	1.27	414435.0000		0.0705
0.004675	0.004706	1.003869	0.000004	294.6	295.1	294.2	293.7	1.14	414494.0000		0.0691
0.004599	0.004629	1.003869	0.000004	294.6	295.1	294.2	293.7	1.02	414545.0000		0.0627
0.004409	0.004438	1.003869	0.000004	294.6	295.1	294.2	293.7	0.89	414605.0000		0.0724
0.004208	0.004236	1.003869	0.000004	294.6	295.1	294.2	293.7	0.76	414662.0000		0.0627
0.004000	0.004026	1.003869	0.000004	294.6	295.1	294.2	293.7	0.64	414717.0000		0.0627
0.003820	0.003845	1.003869	0.000004	294.6	295.1	294.2	293.7	0.51	414775.0000		0.0691
0.003647	0.003672	1.003869	0.000004	294.6	295.1	294.2	293.7	0.38	414834.0000		0.0727
0.003382	0.003405	1.003869	0.000004	294.6	295.1	294.2	293.7	0.25	414889.0000		0.0698
0.003199	0.003221	1.003869	0.000004	294.6	295.1	294.2	293.7	0.13	414947.0000		0.0627
0.005584	0.005656	1.003422	0.000044	294.6	295.1	294.3	293.7	1.59	418388.0000		0.0627
0.005722	0.005796	1.003422	0.000044	294.6	295.1	294.3	293.7	1.52	418457.0000		0.0627
0.005533	0.005605	1.003422	0.000044	294.6	295.1	294.3	293.7	1.40	418510.0000		0.0627
0.005359	0.005431	1.003422	0.000044	294.6	295.1	294.2	293.7	1.27	418565.0000		0.0627
0.005183	0.005254	1.003422	0.000044	294.6	295.1	294.2	293.7	1.14	418620.0000		0.0627
0.005061	0.005131	1.003422	0.000044	294.6	295.1	294.2	293.7	1.02	418674.0000		0.0627

Table H.1.8 Diesel contamination on oxidized copper surface for Re = 2000 and x_b = 0.3 %

Diesel contamination on oxidized copper surface for Re = 2000 and x_b = 0.3 % (file:trv15con2.tbl)											
F (v)	F_r (v)	F_{100} (v)	F_0 (v)	T_{Ti} (K)	T_{To} (K)	T_a (K)	T_b (K)	l (mm)	Exposure time (s)	Turbine meter m_w (kg/s)	Doppler meter m_w (kg/s)
0.003597	0.003655	1.005509	0.000033	294.6	294.4	294.3	293.7	1.59	613.	0.0906	0.0623
0.003322	0.003378	1.005509	0.000033	294.6	294.4	294.7	293.7	1.52	749.	0.0931	0.0623
0.003042	0.003096	1.005509	0.000033	294.6	294.4	294.4	293.7	1.40	792.	0.0942	0.0623
0.002723	0.002775	1.005509	0.000033	294.6	294.4	294.8	293.7	1.27	837.	0.0904	0.0623
0.002429	0.002479	1.005509	0.000033	294.6	294.4	294.6	293.7	1.14	881.	0.0909	0.0623
0.002193	0.002241	1.005509	0.000033	294.5	294.4	294.7	293.7	1.02	922.	0.0942	0.0623
0.001812	0.001857	1.005509	0.000033	294.5	294.4	294.7	293.6	0.89	966.	0.0952	0.0623
0.001578	0.001622	1.005509	0.000033	294.5	294.4	294.6	293.7	0.76	1008.	0.0935	0.0623
0.001261	0.001303	1.005509	0.000033	294.5	294.4	294.4	293.7	0.64	1054.	0.0920	0.0623
0.000910	0.000949	1.005509	0.000033	294.5	294.4	294.4	293.7	0.51	1097.	0.0943	0.0623
0.000618	0.000656	1.005509	0.000033	294.5	294.4	294.3	293.7	0.38	1138.	0.0887	0.0623
0.000226	0.000261	1.005509	0.000033	294.4	294.4	294.7	293.7	0.25	1181.	0.0952	0.0623
-0.000086	-0.000054	1.005509	0.000033	294.4	294.4	294.2	293.7	0.13	1226.	0.0926	0.0623
0.003653	0.003637	1.003232	-0.000082	294.4	294.3	294.5	293.7	1.59	1374.	0.0933	0.0623
0.003463	0.003446	1.003232	-0.000082	294.4	294.3	294.3	293.7	1.52	1422.	0.0900	0.0623
0.003191	0.003172	1.003232	-0.000082	294.3	294.3	294.5	293.7	1.40	1468.	0.0942	0.0623
0.002991	0.002972	1.003232	-0.000082	294.3	294.3	294.0	293.7	1.27	1513.	0.0945	0.0623
0.002751	0.002730	1.003232	-0.000082	294.3	294.2	294.7	293.7	1.14	1557.	0.0896	0.0623
0.002472	0.002451	1.003232	-0.000082	294.2	294.2	294.6	293.6	1.02	1606.	0.0906	0.0623
0.002169	0.002146	1.003232	-0.000082	294.2	294.2	294.4	293.7	0.89	1652.	0.0939	0.0623
0.001908	0.001884	1.003232	-0.000082	294.2	294.1	294.4	293.7	0.76	1694.	0.0934	0.0623
0.001576	0.001550	1.003232	-0.000082	294.2	294.1	294.4	293.7	0.64	1739.	0.0914	0.0623
0.001306	0.001279	1.003232	-0.000082	294.2	294.1	294.2	293.7	0.51	1786.	0.0916	0.0623
0.001026	0.000998	1.003232	-0.000082	294.1	294.1	294.2	293.6	0.38	1831.	0.0879	0.0623
0.000778	0.000749	1.003232	-0.000082	294.1	294.1	294.4	293.7	0.25	1875.	0.0936	0.0623
0.000533	0.000503	1.003232	-0.000082	294.1	294.1	294.5	293.7	0.13	1919.	0.0892	0.0623
0.012290	0.012345	1.004488	0.000009	293.3	293.3	294.2	293.7	1.59	5348.	0.0890	0.0623
0.012646	0.012703	1.004488	0.000009	293.3	293.3	294.2	293.7	1.52	5391.	0.0890	0.0623
0.012457	0.012514	1.004488	0.000009	293.3	293.3	294.1	293.7	1.40	5440.	0.0909	0.0623
0.012575	0.012632	1.004488	0.000009	293.3	293.3	294.2	293.7	1.27	5485.	0.0846	0.0623
0.013596	0.013657	1.004488	0.000009	293.3	293.3	294.6	293.6	1.14	5528.	0.0882	0.0623
0.012922	0.012981	1.004488	0.000009	293.3	293.3	294.1	293.7	1.02	5573.	0.0835	0.0623
0.011067	0.011119	1.004488	0.000009	293.4	293.3	294.2	293.7	0.89	5620.	0.0877	0.0623
0.009262	0.009308	1.004488	0.000009	293.4	293.3	294.0	293.6	0.76	5667.	0.0891	0.0623
0.009017	0.009061	1.004488	0.000009	293.4	293.3	294.6	293.7	0.64	5712.	0.0857	0.0623
0.009151	0.009196	1.004488	0.000009	293.4	293.4	294.6	293.7	0.51	5756.	0.0839	0.0623
0.009208	0.009254	1.004488	0.000009	293.4	293.4	294.5	293.7	0.38	5804.	0.0856	0.0623
0.009529	0.009577	1.004488	0.000009	293.4	293.4	294.3	293.7	0.25	5855.	0.0873	0.0623
0.010371	0.010423	1.004488	0.000009	293.5	293.4	294.6	293.7	0.13	5910.	0.0827	0.0623
0.018959	0.019067	1.005701	0.000000	293.7	293.6	294.4	293.7	1.59	11545.	0.0909	0.0623
0.019063	0.019172	1.005701	0.000000	293.7	293.7	294.2	293.7	1.52	11590.	0.0906	0.0623
0.019103	0.019213	1.005701	0.000000	293.7	293.7	294.2	293.7	1.40	11635.	0.0905	0.0623
0.019066	0.019176	1.005701	0.000000	293.7	293.7	294.5	293.7	1.27	11678.	0.0897	0.0623
0.019079	0.019190	1.005701	0.000000	293.8	293.7	294.6	293.7	1.14	11723.	0.0905	0.0623
0.018951	0.019062	1.005701	0.000000	293.8	293.8	294.4	293.6	1.02	11769.	0.0909	0.0623
0.017200	0.017301	1.005701	0.000000	293.8	293.8	294.2	293.7	0.89	11820.	0.0919	0.0623
0.015048	0.015137	1.005701	0.000000	293.8	293.8	294.4	293.7	0.76	11885.	0.0907	0.0623
0.013818	0.013900	1.005701	0.000000	293.9	293.8	294.6	293.6	0.64	11937.	0.0925	0.0623
0.013441	0.013522	1.005701	0.000000	293.9	293.8	294.3	293.7	0.51	11982.	0.0910	0.0623
0.013486	0.013567	1.005701	0.000000	293.9	293.9	294.2	293.6	0.38	12028.	0.0872	0.0623
0.013593	0.013675	1.005701	0.000000	293.9	293.9	294.6	293.6	0.25	12073.	0.0865	0.0623
0.013592	0.013673	1.005701	0.000000	293.9	293.9	294.5	293.7	0.13	12118.	0.0895	0.0623
0.013199	0.013298	1.004021	0.000041	293.9	293.9	294.2	293.7	1.59	12289.	0.0925	0.0623
0.013292	0.013391	1.004021	0.000041	293.9	293.9	294.8	293.6	1.52	12336.	0.0868	0.0623
0.013225	0.013324	1.004021	0.000041	293.9	293.9	294.7	293.6	1.40	12382.	0.0901	0.0623
0.013196	0.013295	1.004021	0.000041	293.9	293.9	294.8	293.7	1.27	12433.	0.0901	0.0623

Table H.1.9 Diesel contamination on oxidized copper surface for Re = 4000 and x_b = 0.3 %

Diesel contamination on oxidized copper surface for Re = 4000 and x_b = 0.3 % (file:trv3con2.tbl)											
F (v)	F_r (v)	F_{100} (v)	F_0 (v)	T_{Ti} (K)	T_{To} (K)	T_a (K)	T_b (K)	l (mm)	Exposure time (s)	Turbine meter m_w (kg/s)	Doppler meter m_w (kg/s)
0.011072	0.011157	1.004420	0.000033	293.9	293.9	293.9	293.7	1.59	64840	0.1899	0.1835
0.010992	0.011077	1.004420	0.000033	293.9	293.9	293.9	293.7	1.52	64910	0.1952	0.1842
0.010911	0.010995	1.004420	0.000033	293.9	293.9	293.9	293.7	1.40	64953	0.1946	0.1841
0.010948	0.011031	1.004420	0.000033	293.8	293.8	293.9	293.7	1.27	65012	0.1887	0.1821
0.010886	0.010968	1.004420	0.000033	293.8	293.8	293.9	293.7	1.14	65079	0.1922	0.1690
0.010847	0.010929	1.004420	0.000033	293.8	293.8	293.9	293.7	1.02	65125	0.1927	0.1730
0.010797	0.010878	1.004420	0.000033	293.8	293.8	293.9	293.7	0.89	65175	0.1940	0.1940
0.010634	0.010714	1.004420	0.000033	293.8	293.8	294.1	293.7	0.76	65229	0.1934	0.2099
0.010665	0.010745	1.004420	0.000033	293.7	293.7	293.9	293.7	0.64	65299	0.1983	0.2010
0.010695	0.010775	1.004420	0.000033	293.7	293.7	294.0	293.7	0.51	65349	0.1922	0.1997
0.010746	0.010825	1.004420	0.000033	293.6	293.6	294.0	293.7	0.38	65421	0.1910	0.2042
0.010743	0.010821	1.004420	0.000033	293.6	293.6	293.9	293.7	0.25	65505	0.1977	0.1811
0.010748	0.010825	1.004420	0.000033	293.5	293.5	293.9	293.7	0.13	65555	0.1887	0.1470
0.011404	0.011431	1.003228	-0.000015	294.0	293.9	293.9	293.7	1.59	68691	0.1910	0.1550
0.011317	0.011343	1.003228	-0.000015	293.9	293.9	293.9	293.7	1.52	68759	0.1958	0.1605
0.011275	0.011301	1.003228	-0.000015	293.9	293.9	293.9	293.7	1.40	68808	0.1989	0.1385
0.011285	0.011311	1.003228	-0.000015	293.9	293.9	293.9	293.7	1.27	68854	0.1910	0.1457
0.011252	0.011278	1.003228	-0.000015	293.9	293.9	293.9	293.7	1.14	68898	0.1853	0.1799
0.011261	0.011286	1.003228	-0.000015	293.9	293.9	294.0	293.7	1.02	68943	0.1964	0.1686
0.011191	0.011215	1.003228	-0.000015	293.8	293.8	294.0	293.7	0.89	69033	0.1934	0.1802
0.011306	0.011331	1.003228	-0.000015	293.8	293.8	293.9	293.7	0.76	69084	0.1893	0.1982
0.011366	0.011390	1.003228	-0.000015	293.8	293.8	293.9	293.7	0.64	69132	0.1940	0.1949
0.011243	0.011266	1.003228	-0.000015	293.8	293.8	293.9	293.7	0.51	69177	0.1916	0.1955
0.011259	0.011282	1.003228	-0.000015	293.8	293.7	294.0	293.7	0.38	69225	0.1843	0.2035
0.011345	0.011368	1.003228	-0.000015	293.7	293.7	293.9	293.7	0.25	69274	0.1922	0.2078
0.011269	0.011292	1.003228	-0.000015	293.7	293.7	294.0	293.7	0.13	69322	0.1910	0.2029
0.011701	0.011696	1.006369	-0.000084	293.9	293.9	294.1	293.7	1.59	72093	0.1922	0.1646
0.011799	0.011796	1.006369	-0.000084	293.9	293.9	294.1	293.7	1.52	72139	0.1946	0.1650
0.011717	0.011713	1.006369	-0.000084	293.9	293.9	294.1	293.7	1.40	72186	0.1945	0.1533
0.011791	0.011788	1.006369	-0.000084	293.9	293.9	294.1	293.7	1.27	72236	0.1893	0.1609
0.011637	0.011633	1.006369	-0.000084	294.0	293.9	294.1	293.7	1.14	72284	0.1951	0.1636
0.011679	0.011675	1.006369	-0.000084	294.0	293.9	294.1	293.7	1.02	72331	0.1952	0.1873
0.011720	0.011717	1.006369	-0.000084	294.0	293.9	294.1	293.7	0.89	72379	0.1853	0.2214
0.011621	0.011617	1.006369	-0.000084	294.0	294.0	294.1	293.7	0.76	72428	0.1927	0.2032
0.011719	0.011716	1.006369	-0.000084	294.0	293.9	294.1	293.7	0.64	72482	0.1865	0.1756
0.011645	0.011641	1.006369	-0.000084	294.0	294.0	294.0	293.7	0.51	72531	0.1945	0.1689
0.011779	0.011776	1.006369	-0.000084	294.0	294.0	294.0	293.7	0.38	72577	0.1881	0.1765
0.011726	0.011723	1.006369	-0.000084	293.9	293.9	294.0	293.7	0.25	72621	0.1977	0.1734
0.011862	0.011860	1.006369	-0.000084	293.9	293.9	294.0	293.7	0.13	72668	0.1904	0.1744
0.012166	0.012227	1.008294	-0.000045	294.0	293.9	294.1	293.7	1.59	76231	0.1945	0.1881
0.012174	0.012236	1.008294	-0.000045	294.0	293.9	294.1	293.7	1.52	76278	0.1922	0.1710
0.012214	0.012276	1.008294	-0.000045	294.0	293.9	294.1	293.7	1.40	76326	0.1837	0.1822
0.012061	0.012121	1.008294	-0.000045	294.0	294.0	294.1	293.7	1.27	76375	0.1898	0.1925
0.012127	0.012188	1.008294	-0.000045	294.0	293.9	294.1	293.7	1.14	76421	0.1910	0.1880
0.012160	0.012222	1.008294	-0.000045	294.0	293.9	294.1	293.7	1.02	76475	0.1934	0.1821
0.012168	0.012230	1.008294	-0.000045	294.0	294.0	294.2	293.7	0.89	76523	0.1934	0.1814
0.012160	0.012222	1.008294	-0.000045	294.0	294.0	294.1	293.7	0.76	76568	0.1853	0.1850
0.012271	0.012333	1.008294	-0.000045	294.0	293.9	294.1	293.7	0.64	76613	0.1859	0.1863
0.012255	0.012318	1.008294	-0.000045	294.0	293.9	294.2	293.7	0.51	76659	0.1934	0.1865
0.012299	0.012361	1.008294	-0.000045	294.0	293.9	294.1	293.7	0.38	76707	0.1983	0.1735
0.012432	0.012495	1.008294	-0.000045	293.9	293.9	294.1	293.7	0.25	76755	0.1983	0.1723
0.012438	0.012501	1.008294	-0.000045	293.9	293.9	294.2	293.7	0.13	76826	0.1934	0.1663
0.012171	0.012131	1.004779	-0.000097	293.6	293.5	294.3	293.7	1.59	79482	0.1952	0.1872
0.012184	0.012144	1.004779	-0.000097	293.6	293.5	294.3	293.7	1.52	79525	0.1899	0.1769
0.012254	0.012216	1.004779	-0.000097	293.6	293.6	294.2	293.7	1.40	79573	0.1910	0.1438
0.012222	0.012183	1.004779	-0.000097	293.6	293.6	294.2	293.7	1.27	79620	0.1848	0.1511

Table H.1.10 Diesel contamination on oxidized copper surface for Re = 5000 and x_b = 0.3 %

Diesel contamination on oxidized copper surface for Re = 5000 and x_b = 0.3 % (file:trv45con2.tbl)											
F (v)	F_r (v)	F_{100} (v)	F_0 (v)	T_{Ti} (K)	T_{To} (K)	T_a (K)	T_b (K)	l (mm)	Exposure time (s)	Turbine meter m_w (kg/s)	Doppler meter m_w (kg/s)
0.004208	0.004205	0.993235	0.000034	292.4	292.4	295.4	293.7	1.59	4061.0	0.2420	0.2266
0.004008	0.004007	0.993235	0.000034	292.4	292.4	295.3	293.7	1.52	4103.0	0.2488	0.2322
0.003698	0.003700	0.993235	0.000034	292.5	292.5	295.2	293.7	1.40	4144.0	0.2488	0.2378
0.003431	0.003435	0.993235	0.000034	292.5	292.5	294.6	293.7	1.27	4187.0	0.2497	0.2440
0.003121	0.003128	0.993235	0.000034	292.6	292.5	294.4	293.7	1.14	4229.0	0.2420	0.2478
0.002796	0.002806	0.993235	0.000034	292.6	292.6	294.9	293.7	1.02	4271.0	0.2458	0.2502
0.002473	0.002486	0.993235	0.000034	292.6	292.6	295.4	293.7	0.89	4315.0	0.2458	0.2462
0.002210	0.002226	0.993235	0.000034	292.7	292.6	295.1	293.7	0.76	4360.0	0.2507	0.2210
0.001853	0.001871	0.993235	0.000034	292.7	292.7	295.7	293.7	0.64	4402.0	0.2528	0.2271
0.001530	0.001551	0.993235	0.000034	292.8	292.7	295.8	293.7	0.51	4444.0	0.2449	0.2448
0.001180	0.001204	0.993235	0.000034	292.8	292.8	295.6	293.7	0.38	4488.0	0.2401	0.2488
0.000923	0.000950	0.993235	0.000034	292.8	292.8	295.5	293.7	0.25	4530.0	0.2338	0.2444
0.000681	0.000709	0.993235	0.000034	292.9	292.9	295.7	293.7	0.13	4574.0	0.2508	0.2383
0.004110	0.004058	0.989872	-0.000007	293.1	293.0	294.7	293.7	1.59	4733.0	0.2497	0.2248
0.003916	0.003865	0.989872	-0.000007	293.1	293.1	295.0	293.7	1.52	4776.0	0.2487	0.2322
0.003659	0.003612	0.989872	-0.000007	293.1	293.1	296.1	293.7	1.40	4819.0	0.2401	0.2489
0.003347	0.003304	0.989872	-0.000007	293.2	293.1	295.7	293.7	1.27	4862.0	0.2458	0.2416
0.003064	0.003024	0.989872	-0.000007	293.2	293.2	296.3	293.7	1.14	4903.0	0.2392	0.2417
0.002810	0.002772	0.989872	-0.000007	293.2	293.2	296.2	293.7	1.02	4948.0	0.2478	0.2329
0.002424	0.002391	0.989872	-0.000007	293.3	293.3	295.4	293.7	0.89	4990.0	0.2402	0.2246
0.002123	0.002093	0.989872	-0.000007	293.3	293.3	295.2	293.7	0.76	5032.0	0.2478	0.2041
0.001808	0.001782	0.989872	-0.000007	293.4	293.3	294.8	293.7	0.64	5077.0	0.2402	0.2124
0.001516	0.001493	0.989872	-0.000007	293.4	293.4	296.0	293.7	0.51	5121.0	0.2468	0.2318
0.001248	0.001228	0.989872	-0.000007	293.4	293.4	295.8	293.6	0.38	5163.0	0.2402	0.2284
0.000887	0.000871	0.989872	-0.000007	293.5	293.4	295.8	293.7	0.25	5205.0	0.2339	0.2381
0.000559	0.000546	0.989872	-0.000007	293.5	293.5	295.9	293.7	0.13	5247.0	0.2467	0.2513
0.004139	0.004004	0.984469	-0.000074	294.4	294.4	295.9	293.7	1.59	7217.0	0.2383	0.2167
0.004077	0.003944	0.984469	-0.000074	294.4	294.4	295.8	293.7	1.52	7260.0	0.2374	0.2182
0.003855	0.003725	0.984469	-0.000074	294.3	294.3	295.9	293.7	1.40	7312.0	0.2497	0.2093
0.003594	0.003468	0.984469	-0.000074	294.3	294.3	295.9	293.7	1.27	7363.0	0.2401	0.2119
0.003310	0.003187	0.984469	-0.000074	294.3	294.3	295.8	293.7	1.14	7418.0	0.2448	0.2173
0.002939	0.002822	0.984469	-0.000074	294.3	294.3	295.8	293.7	1.02	7466.0	0.2497	0.2195
0.002658	0.002545	0.984469	-0.000074	294.3	294.3	296.1	293.7	0.89	7510.0	0.2476	0.2221
0.002330	0.002222	0.984469	-0.000074	294.3	294.3	296.0	293.7	0.76	7553.0	0.2467	0.2251
0.002069	0.001965	0.984469	-0.000074	294.3	294.2	296.0	293.7	0.64	7596.0	0.2497	0.2678
0.001724	0.001625	0.984469	-0.000074	294.3	294.2	296.1	293.7	0.51	7638.0	0.2497	0.2355
0.001494	0.001398	0.984469	-0.000074	294.2	294.2	295.7	293.7	0.38	7682.0	0.2517	0.2429
0.001162	0.001071	0.984469	-0.000074	294.2	294.2	295.3	293.7	0.25	7724.0	0.2400	0.2493
0.000913	0.000826	0.984469	-0.000074	294.2	294.2	295.9	293.7	0.13	7767.0	0.2429	0.2530
0.003987	0.004049	1.005697	0.000037	294.1	294.0	296.5	293.7	1.59	72772.0	0.2558	0.2324
0.003930	0.003992	1.005697	0.000037	294.1	294.0	296.3	293.7	1.52	72816.0	0.2558	0.2511
0.003774	0.003835	1.005697	0.000037	294.1	294.0	296.4	293.6	1.40	72863.0	0.2569	0.2579
0.003574	0.003634	1.005697	0.000037	294.1	294.1	296.7	293.7	1.27	72904.0	0.2476	0.2651
0.003399	0.003458	1.005697	0.000037	294.1	294.1	296.4	293.7	1.14	72945.0	0.2622	0.2697
0.003093	0.003149	1.005697	0.000037	294.1	294.1	296.4	293.7	1.02	72988.0	0.2601	0.2501
0.002719	0.002774	1.005697	0.000037	294.1	294.1	296.3	293.7	0.89	73030.0	0.2548	0.2617
0.002359	0.002411	1.005697	0.000037	294.1	294.1	296.3	293.7	0.76	73071.0	0.2569	0.2594
0.002145	0.002196	1.005697	0.000037	294.1	294.1	296.4	293.7	0.64	73115.0	0.2548	0.2626
0.001927	0.001977	1.005697	0.000037	294.1	294.1	296.4	293.7	0.51	73157.0	0.2590	0.2634
0.001635	0.001683	1.005697	0.000037	294.1	294.1	296.4	293.7	0.38	73202.0	0.2611	0.2676
0.001386	0.001432	1.005697	0.000037	294.1	294.1	296.6	293.7	0.25	73245.0	0.2458	0.2695
0.001104	0.001149	1.005697	0.000037	294.1	294.1	296.5	293.7	0.13	73286.0	0.2537	0.2679
0.004063	0.004069	1.008256	-0.000031	294.1	294.1	296.8	293.7	1.59	73421.0	0.2477	0.2603
0.003791	0.003794	1.008256	-0.000031	294.1	294.1	296.5	293.7	1.52	73462.0	0.2634	0.2560
0.003890	0.003893	1.008256	-0.000031	294.1	294.1	296.3	293.7	1.40	73506.0	0.2611	0.2613
0.003280	0.003278	1.008256	-0.000031	294.1	294.1	296.5	293.7	1.27	73548.0	0.2506	0.2641
0.003152	0.003149	1.008256	-0.000031	294.1	294.0	296.6	293.7	1.14	73591.0	0.2487	0.2619

Table H.1.11 Diesel contamination on oxidized copper surface for Re = 7000 and x_b = 0.3 %

Diesel contamination on oxidized copper surface for Re = 7000 and x_b = 0.3 % (file:trv6con2.tbl)

F (v)	F_r (v)	F_{100} (v)	F_0 (v)	T_{Ti} (K)	T_{To} (K)	T_a (K)	T_b (K)	l (mm)	Exposure time (s)	Turbine meter m_w (kg/s)	Doppler meter m_w (kg/s)
0.013240	0.013403	1.004572	0.00005	293.6	293.6	294.5	293.7	1.59	63545	0.3372	0.0624
0.015901	0.016076	1.004572	0.00005	293.6	293.6	294.5	293.7	1.52	63592	0.3354	0.0624
0.013409	0.013573	1.004572	0.00005	293.6	293.6	294.6	293.7	1.40	63638	0.3372	0.3744
0.010815	0.010968	1.004572	0.00005	293.7	293.6	294.5	293.7	1.27	63685	0.3198	0.0625
0.012913	0.013076	1.004572	0.00005	293.7	293.7	294.5	293.7	1.14	63734	0.3182	0.0624
0.009349	0.009496	1.004572	0.00005	293.7	293.7	294.5	293.7	1.02	63782	0.3150	0.0654
0.009588	0.009737	1.004572	0.00005	293.8	293.7	294.6	293.7	0.89	63831	0.3265	0.0624
0.007571	0.007712	1.004572	0.00005	293.8	293.8	294.6	293.7	0.76	63880	0.3248	0.0624
0.006367	0.006503	1.004572	0.00005	293.8	293.8	294.6	293.7	0.64	63929	0.3389	0.0624
0.006039	0.006174	1.004572	0.00005	293.9	293.8	294.5	293.6	0.51	63980	0.3102	0.0624
0.004005	0.004130	1.004572	0.00005	293.9	293.9	294.6	293.7	0.38	64031	0.3299	0.3531
0.003336	0.003458	1.004572	0.00005	293.9	293.9	294.6	293.6	0.25	64083	0.3407	0.0624
0.004463	0.004590	1.004572	0.00005	293.9	293.9	294.5	293.6	0.13	64129	0.3198	0.0624
0.014031	0.014287	1.009780	0.00026	293.5	293.5	294.6	293.7	1.59	67123	0.3246	0.0624
0.015226	0.015493	1.009780	0.00026	293.5	293.5	294.6	293.7	1.52	67170	0.3248	0.0624
0.011928	0.012165	1.009780	0.00026	293.4	293.4	294.6	293.7	1.40	67218	0.3231	0.0625
0.011950	0.012186	1.009780	0.00026	293.4	293.4	294.6	293.7	1.27	67262	0.3353	0.3073
0.013350	0.013599	1.009780	0.00026	293.4	293.4	294.6	293.7	1.14	67309	0.3353	0.0624
0.009006	0.009215	1.009780	0.00026	293.4	293.4	294.6	293.7	1.02	67355	0.3246	0.0626
0.009475	0.009688	1.009780	0.00026	293.4	293.4	294.5	293.7	0.89	67405	0.3371	0.0624
0.007716	0.007913	1.009780	0.00026	293.4	293.4	294.4	293.7	0.76	67453	0.3281	0.0624
0.006117	0.006299	1.009780	0.00026	293.4	293.4	294.4	293.7	0.64	67505	0.3182	0.0628
0.005736	0.005914	1.009780	0.00026	293.4	293.4	294.5	293.7	0.51	67553	0.3317	0.3902
0.004038	0.004201	1.009780	0.00026	293.4	293.4	294.3	293.7	0.38	67601	0.3317	0.3837
0.003438	0.003595	1.009780	0.00026	293.4	293.4	294.4	293.7	0.25	67648	0.3133	0.0624
0.002834	0.002986	1.009780	0.00026	293.4	293.4	294.4	293.7	0.13	67693	0.3389	0.3960
0.006600	0.006756	1.007389	0.00007	293.7	293.7	294.2	293.7	1.59	71007	0.3183	0.3181
0.006594	0.006749	1.007389	0.00007	293.6	293.6	294.1	293.7	1.52	71064	0.3486	0.3096
0.006078	0.006229	1.007389	0.00007	293.6	293.6	294.2	293.7	1.40	71120	0.3267	0.3206
0.005643	0.005791	1.007389	0.00007	293.6	293.6	294.0	293.7	1.27	71171	0.3392	0.3277
0.005132	0.005276	1.007389	0.00007	293.6	293.6	294.1	293.7	1.14	71215	0.3430	0.3223
0.004617	0.004757	1.007389	0.00007	293.5	293.5	294.1	293.7	1.02	71261	0.3251	0.3223
0.004079	0.004215	1.007389	0.00007	293.5	293.5	294.2	293.7	0.89	71313	0.3392	0.3417
0.003558	0.003690	1.007389	0.00007	293.5	293.5	294.4	293.7	0.76	71362	0.3234	0.3463
0.003162	0.003291	1.007389	0.00007	293.5	293.5	294.2	293.7	0.64	71407	0.3320	0.3249
0.002323	0.002447	1.007389	0.00007	293.5	293.5	294.0	293.7	0.51	71457	0.3354	0.3325
0.002056	0.002178	1.007389	0.00007	293.4	293.4	294.4	293.7	0.38	71502	0.3320	0.3336
0.001764	0.001884	1.007389	0.00007	293.4	293.4	294.1	293.7	0.25	71548	0.3392	0.3316
0.001366	0.001482	1.007389	0.00007	293.4	293.4	294.4	293.7	0.13	71593	0.3217	0.3290
0.006422	0.006540	1.005913	0.00077	294.0	294.0	294.3	293.7	1.59	74448	0.3392	0.3111
0.006279	0.006396	1.005913	0.00077	294.0	294.0	294.1	293.7	1.52	74495	0.3185	0.3107
0.005683	0.005796	1.005913	0.00077	294.0	294.0	294.0	293.7	1.40	74538	0.3429	0.2996
0.005293	0.005404	1.005913	0.00077	294.0	294.0	294.2	293.7	1.27	74584	0.3392	0.3098
0.004710	0.004817	1.005913	0.00077	294.0	293.9	294.3	293.7	1.14	74629	0.3338	0.3120
0.004242	0.004345	1.005913	0.00077	294.0	293.9	294.2	293.7	1.02	74679	0.3447	0.3138
0.003850	0.003951	1.005913	0.00077	293.9	293.9	294.1	293.7	0.89	74725	0.3268	0.3178
0.003439	0.003537	1.005913	0.00077	293.9	293.9	294.4	293.7	0.76	74768	0.3374	0.3251
0.002879	0.002974	1.005913	0.00077	293.9	293.9	294.4	293.7	0.64	74816	0.3410	0.3271
0.002648	0.002741	1.005913	0.00077	293.9	293.9	294.1	293.7	0.51	74862	0.3429	0.3340
0.002338	0.002429	1.005913	0.00077	293.9	293.9	294.0	293.7	0.38	74908	0.3410	0.3447
0.002140	0.002230	1.005913	0.00077	293.8	293.8	294.4	293.7	0.25	74956	0.3268	0.3455
0.002386	0.002477	1.005913	0.00077	293.8	293.8	294.3	293.7	0.13	75002	0.3320	0.3456
0.004443	0.004531	1.004729	0.00021	293.9	293.9	294.3	293.7	1.59	79055	0.3302	0.3190
0.004224	0.004308	1.004729	0.00021	293.9	293.9	294.4	293.7	1.52	79101	0.3485	0.3097
0.003983	0.004064	1.004729	0.00021	293.9	293.9	294.4	293.7	1.40	79145	0.3216	0.3186
0.003816	0.003894	1.004729	0.00021	293.9	293.8	294.3	293.7	1.27	79190	0.3391	0.3295
0.003562	0.003636	1.004729	0.00021	293.8	293.8	294.3	293.7	1.14	79238	0.3267	0.3324

Table H.1.12 Tap water flushing after Re = 5000 contamination tests at x_b = 0.3 %

| Tap water flushing after Re = 5000 contamination tests at x_b = 0.3 % (file:flsh45c2.tbl) ||||||||||||
F (v)	F_r (v)	F_{100} (v)	F_0 (v)	T_{Ti} (K)	T_{To} (K)	T_a (K)	T_b (K)	l (mm)	Exposure time (s)	Turbine meter m_w (kg/s)	Doppler meter m_w (kg/s)
00.000048	0.000113	1.007885	00.000065	293.3	293.1	297.0	293.7	1.59	402.	N/A	N/A
-0.000054	0.000010	1.007885	0.000065	292.7	292.5	297.2	293.7	1.52	453.	N/A	N/A
0.000103	0.000169	1.007885	0.000065	292.1	291.9	297.1	293.7	1.40	506.	N/A	N/A
0.000066	0.000131	1.007885	0.000065	291.6	291.4	297.0	293.7	1.27	557.	N/A	N/A
0.000034	0.000099	1.007885	0.000065	291.1	290.9	297.0	293.7	1.14	610.	N/A	N/A
0.000180	0.000245	1.007885	0.000065	290.6	290.5	296.9	293.7	1.02	663.	N/A	N/A
0.000047	0.000111	1.007885	0.000065	290.2	290.0	296.9	293.7	0.89	719.	N/A	N/A
0.000019	0.000083	1.007885	0.000065	289.7	289.5	296.7	293.7	0.76	775.	N/A	N/A
0.000044	0.000108	1.007885	0.000065	289.3	289.1	296.8	293.7	0.64	832.	N/A	N/A
0.000029	0.000093	1.007885	0.000065	289.0	288.8	296.9	293.7	0.51	886.	N/A	N/A
0.000113	0.000177	1.007885	0.000065	288.7	288.6	296.9	293.7	0.38	938.	N/A	N/A
0.000299	0.000363	1.007885	0.000065	288.5	288.4	297.0	293.7	0.25	995.	N/A	N/A
0.000638	0.000702	1.007885	0.000065	288.4	288.3	297.0	293.7	0.13	1053.	N/A	N/A
0.000061	0.000048	1.006992	-0.000012	286.4	286.4	297.0	293.7	1.59	3736.	N/A	N/A
-0.000004	-0.000016	1.006992	-0.000012	286.4	286.4	296.8	293.7	1.52	3787.	N/A	N/A
0.000019	0.000006	1.006992	-0.000012	286.4	286.4	297.0	293.7	1.40	3842.	N/A	N/A
0.000000	-0.000012	1.006992	-0.000012	286.4	286.4	297.2	293.7	1.27	3902.	N/A	N/A
0.000025	0.000013	1.006992	-0.000012	286.4	286.3	297.1	293.7	1.14	3958.	N/A	N/A
0.000029	0.000016	1.006992	-0.000012	286.4	286.4	297.0	293.7	1.02	4013.	N/A	N/A
0.000017	0.000005	1.006992	-0.000012	286.4	286.4	297.0	293.7	0.89	4070.	N/A	N/A
0.000038	0.000026	1.006992	-0.000012	286.4	286.4	297.1	293.7	0.76	4124.	N/A	N/A
0.000029	0.000016	1.006992	-0.000012	286.4	286.4	297.4	293.7	0.64	4180.	N/A	N/A
0.000049	0.000037	1.006992	-0.000012	286.4	286.4	297.0	293.7	0.51	4234.	N/A	N/A
0.000018	0.000006	1.006992	-0.000012	286.4	286.3	297.0	293.7	0.38	4294.	N/A	N/A
0.000023	0.000011	1.006992	-0.000012	286.4	286.4	297.2	293.7	0.25	4349.	N/A	N/A
-0.000002	-0.000014	1.006992	-0.000012	286.4	286.3	297.3	293.7	0.13	4406.	N/A	N/A
-0.000262	-0.000424	1.006313	-0.000164	287.3	287.3	295.0	293.7	1.59	64014	N/A	N/A
-0.000287	-0.000449	1.006313	-0.000164	287.3	287.3	295.0	293.7	1.52	64064	N/A	N/A
-0.000282	-0.000443	1.006313	-0.000164	287.3	287.3	295.1	293.6	1.40	64118	N/A	N/A
-0.000297	-0.000459	1.006313	-0.000164	287.3	287.3	295.0	293.7	1.27	64176	N/A	N/A
-0.000306	-0.000468	1.006313	-0.000164	287.3	287.3	295.1	293.7	1.14	64239	N/A	N/A
-0.000310	-0.000471	1.006313	-0.000164	287.3	287.3	295.0	293.7	1.02	64292	N/A	N/A
-0.000308	-0.000469	1.006313	-0.000164	287.3	287.3	295.1	293.7	0.89	64346	N/A	N/A
-0.000289	-0.000451	1.006313	-0.000164	287.3	287.3	295.1	293.7	0.76	64398	N/A	N/A
-0.000298	-0.000460	1.006313	-0.000164	287.3	287.3	295.3	293.7	0.64	64452	N/A	N/A
-0.000302	-0.000464	1.006313	-0.000164	287.3	287.3	295.4	293.6	0.51	64508	N/A	N/A
-0.000305	-0.000467	1.006313	-0.000164	287.3	287.3	295.1	293.7	0.38	64560	N/A	N/A
-0.000313	-0.000474	1.006313	-0.000164	287.3	287.3	295.2	293.7	0.25	64612	N/A	N/A
-0.000311	-0.000472	1.006313	-0.000164	287.3	287.3	295.1	293.7	0.13	64667	N/A	N/A
-0.000130	-0.000221	1.003946	-0.000093	287.4	287.3	295.3	293.7	1.59	64866	N/A	N/A
-0.000142	-0.000233	1.003946	-0.000093	287.4	287.3	295.0	293.7	1.52	64920	N/A	N/A
-0.000145	-0.000237	1.003946	-0.000093	287.4	287.3	295.3	293.7	1.40	64975	N/A	N/A
-0.000119	-0.000211	1.003946	-0.000093	287.4	287.3	295.3	293.7	1.27	65027	N/A	N/A
-0.000142	-0.000234	1.003946	-0.000093	287.4	287.3	295.1	293.7	1.14	65082	N/A	N/A
-0.000162	-0.000253	1.003946	-0.000093	287.4	287.3	295.1	293.7	1.02	65135	N/A	N/A
-0.000138	-0.000229	1.003946	-0.000093	287.4	287.3	295.0	293.6	0.89	65188	N/A	N/A
-0.000132	-0.000224	1.003946	-0.000093	287.4	287.3	295.3	293.7	0.76	65245	N/A	N/A
-0.000127	-0.000218	1.003946	-0.000093	287.4	287.3	295.2	293.6	0.64	65300	N/A	N/A
-0.000144	-0.000235	1.003946	-0.000093	287.4	287.3	295.3	293.7	0.51	65351	N/A	N/A
-0.000139	-0.000230	1.003946	-0.000093	287.4	287.3	295.2	293.6	0.38	65405	N/A	N/A
-0.000136	-0.000227	1.003946	-0.000093	287.4	287.3	295.1	293.7	0.25	65458	N/A	N/A
-0.000135	-0.000226	1.003946	-0.000093	287.4	287.3	295.4	293.7	0.13	65513	N/A	N/A
-0.000254	-0.000184	1.008369	0.000071	287.5	287.5	295.2	293.7	1.59	67977	N/A		N/A
-0.000289	-0.000218	1.008369	0.000071	287.5	287.5	295.3	293.7	1.52	68028	N/A		N/A
-0.000286	-0.000216	1.008369	0.000071	287.5	287.5	295.4	293.7	1.40	68086	N/A		N/A
-0.000299	-0.000228	1.008369	0.000071	287.5	287.5	295.2	293.7	1.27	68139	N/A		N/A
-0.000294	-0.000224	1.008369	0.000071	287.5	287.5	295.2	293.7	1.14	68190	N/A		N/A
-0.000283	-0.000213	1.008369	0.000071	287.5	287.5	295.1	293.7	1.02	68242	N/A		N/A

Table H.1.13 Tap water flushing after Re = 7000 contamination tests at x_b = 0.3 %

F (v)	F_r (v)	F_{100} (v)	F_0 (v)	T_{Ti} (K)	T_{To} (K)	T_a (K)	T_b (K)	l (mm)	Exposure time (s)	Turbine meter m_w (kg/s)	Doppler meter m_w (kg/s)
-0.000236	-0.000174	1.005803	0.000064	296.9	296.8	295.4	293.7	1.59	0.	N/A	N/A
-0.000369	-0.000308	1.005803	0.000064	296.0	295.9	295.4	293.7	1.52	56.	N/A	N/A
-0.000370	-0.000309	1.005803	0.000064	295.5	295.4	295.4	293.7	1.40	110.	N/A	N/A
-0.000406	-0.000345	1.005803	0.000064	294.9	294.8	295.4	293.7	1.27	165.	N/A	N/A
-0.000409	-0.000347	1.005803	0.000064	294.3	294.1	295.4	293.7	1.14	218.	N/A	N/A
-0.000421	-0.000359	1.005803	0.000064	293.6	293.5	295.4	293.7	1.02	276.	N/A	N/A
-0.000425	-0.000363	1.005803	0.000064	293.0	292.8	295.4	293.7	0.89	328.	N/A	N/A
-0.000423	-0.000360	1.005803	0.000064	292.1	291.8	295.4	293.7	0.76	383.	N/A	N/A
-0.000438	-0.000375	1.005803	0.000064	290.9	290.7	295.4	293.7	0.64	439.	N/A	N/A
-0.000438	-0.000375	1.005803	0.000064	290.0	289.7	295.4	293.7	0.51	492.	N/A	N/A
-0.000453	-0.000389	1.005803	0.000064	289.2	288.9	295.4	293.7	0.38	544.	N/A	N/A
-0.000411	-0.000347	1.005803	0.000064	288.5	288.3	295.4	293.7	0.25	600.	N/A	N/A
-0.000442	-0.000377	1.005803	0.000064	288.0	287.7	295.4	293.7	0.13	654.	N/A	N/A
0.000007	0.000068	1.010679	0.000062	284.3	284.2	296.1	293.7	1.59	11606.	N/A	N/A
-0.000037	0.000025	1.010679	0.000062	284.3	284.2	296.1	293.7	1.52	11662.	N/A	N/A
-0.000023	0.000038	1.010679	0.000062	284.3	284.2	296.0	293.7	1.40	11753.	N/A	N/A
-0.000025	0.000036	1.010679	0.000062	284.2	284.2	296.0	293.7	1.27	11809.	N/A	N/A
-0.000035	0.000026	1.010679	0.000062	284.2	284.2	296.1	293.7	1.14	11862.	N/A	N/A
-0.000033	0.000029	1.010679	0.000062	284.2	284.2	296.0	293.7	1.02	11918.	N/A	N/A
0.000006	0.000067	1.010679	0.000062	284.2	284.1	296.1	293.7	0.89	11974.	N/A	N/A
-0.000007	0.000054	1.010679	0.000062	284.2	284.2	296.1	293.7	0.76	12030.	N/A	N/A
-0.000025	0.000036	1.010679	0.000062	284.2	284.2	296.1	293.7	0.64	12091.	N/A	N/A
0.000000	0.000061	1.010679	0.000062	284.2	284.2	296.1	293.7	0.51	12143.	N/A	N/A
-0.000012	0.000050	1.010679	0.000062	284.2	284.2	296.1	293.7	0.38	12197.	N/A	N/A
-0.000037	0.000024	1.010679	0.000062	284.2	284.2	296.1	293.7	0.25	12250.	N/A	N/A
-0.000042	0.000019	1.010679	0.000062	284.2	284.2	296.1	293.7	0.13	12305.	N/A	N/A
-0.000055	0.000002	1.003075	0.000057	283.7	283.6	295.6	293.7	1.59	15484.	N/A	N/A
-0.000104	-0.000047	1.003075	0.000057	283.7	283.7	295.8	293.7	1.52	15541.	N/A	N/A
-0.000149	-0.000091	1.003075	0.000057	283.7	283.7	295.7	293.7	1.40	15599.	N/A	N/A
-0.000141	-0.000084	1.003075	0.000057	283.7	283.6	295.7	293.7	1.27	15652.	N/A	N/A
-0.000123	-0.000066	1.003075	0.000057	283.7	283.7	295.4	293.7	1.14	15722.	N/A	N/A
-0.000129	-0.000072	1.003075	0.000057	283.7	283.7	295.5	293.7	1.02	15778.	N/A	N/A
-0.000098	-0.000041	1.003075	0.000057	283.7	283.7	295.7	293.7	0.89	15835.	N/A	N/A
-0.000129	-0.000072	1.003075	0.000057	283.8	283.7	295.8	293.7	0.76	15890.	N/A	N/A
-0.000126	-0.000069	1.003075	0.000057	283.7	283.7	295.3	293.7	0.64	15953.	N/A	N/A
-0.000152	-0.000094	1.003075	0.000057	283.7	283.6	295.2	293.7	0.51	16008.	N/A	N/A
-0.000127	-0.000070	1.003075	0.000057	283.7	283.6	295.7	293.7	0.38	16065.	N/A	N/A
-0.000187	-0.000129	1.003075	0.000057	283.7	283.7	295.4	293.7	0.25	16120.	N/A	N/A
-0.000173	-0.000115	1.003075	0.000057	283.7	283.6	295.4	293.7	0.13	16191.	N/A	N/A
-0.000298	-0.000403	1.005909	-0.000108	285.3	285.3	294.0	293.7	1.59	77260.	N/A	N/A
-0.000334	-0.000438	1.005909	-0.000108	285.3	285.3	294.0	293.7	1.52	77315.	N/A	N/A
-0.000319	-0.000423	1.005909	-0.000108	285.3	285.3	294.2	293.7	1.40	77369.	N/A	N/A
-0.000357	-0.000461	1.005909	-0.000108	285.3	285.3	294.1	293.7	1.27	77421.	N/A	N/A
-0.000316	-0.000421	1.005909	-0.000108	285.3	285.3	294.1	293.7	1.14	77475.	N/A	N/A
-0.000364	-0.000468	1.005909	-0.000108	285.3	285.3	293.9	293.7	1.02	77526.	N/A	N/A
-0.000340	-0.000444	1.005909	-0.000108	285.3	285.3	294.0	293.7	0.89	77580.	N/A	N/A
-0.000316	-0.000420	1.005909	-0.000108	285.3	285.3	294.0	293.7	0.76	77632.	N/A	N/A
-0.000324	-0.000429	1.005909	-0.000108	285.3	285.3	294.1	293.7	0.64	77683.	N/A	N/A
-0.000313	-0.000417	1.005909	-0.000108	285.3	285.3	293.9	293.7	0.51	77735.	N/A	N/A
-0.000346	-0.000450	1.005909	-0.000108	285.3	285.3	294.0	293.7	0.38	77789.	N/A	N/A
-0.000366	-0.000470	1.005909	-0.000108	285.3	285.3	294.0	293.7	0.25	77841.	N/A	N/A
-0.000355	-0.000458	1.005909	-0.000108	285.3	285.3	293.9	293.7	0.13	77895.	N/A	N/A
-0.000385	-0.000396	1.004326	-0.000015	285.3	285.3	294.0	293.7	1.59	78063.	N/A	N/A
-0.000418	-0.000429	1.004326	-0.000015	285.3	285.3	294.0	293.7	1.52	78114.	N/A	N/A
-0.000463	-0.000474	1.004326	-0.000015	285.3	285.3	293.9	293.7	1.40	78168.	N/A	N/A
-0.000453	-0.000463	1.004326	-0.000015	285.3	285.3	294.0	293.7	1.27	78219.	N/A	N/A
-0.000406	-0.000417	1.004326	-0.000015	285.2	285.2	293.9	293.7	1.14	78274.	N/A	N/A

Table H.2.1 Diesel contamination on oxidized copper surface for Re = 0 and x_b = 0.2 %
(file:trv0con1.tb2)

l_e (μm)	Γ (kg/m²) X10⁵	x_b (%)	Exposure Time (s)	Re	$\overline{T_{T_r}}$ (K)	$TT - T_{T_r}$ (K)	$\frac{F_{T_h}}{F_{T_r}}$
2.15	183.	- 0.002	792.	0.	294.4	-0.8	1.00
2.15	183.	- 0.002	842.	0.	294.4	-0.8	1.00
2.15	183.	- 0.002	894.	0.	294.4	-0.9	1.00
2.15	183.	- 0.002	945.	0.	294.5	-0.9	1.00
2.15	183.	- 0.002	995.	0.	294.5	-1.0	1.00
2.15	183.	- 0.002	1052.	0.	294.6	-1.0	1.00
2.15	183.	- 0.002	1104.	0.	294.6	-1.0	1.00
2.15	183.	- 0.002	1156.	0.	294.6	-1.1	1.00
2.15	183.	- 0.002	1216.	0.	294.7	-1.1	1.00
2.15	183.	- 0.002	1268.	0.	294.7	-1.1	1.00
2.15	183.	- 0.002	1322.	0.	294.7	-1.2	1.00
2.15	183.	- 0.002	1377.	0.	294.8	-1.2	1.00
2.15	183.	- 0.002	1429.	0.	294.8	-1.2	1.00
2.62	222.	0.024	1620.	0.	294.9	-1.3	1.00
2.62	222.	0.024	1672.	0.	294.9	-1.4	1.00
2.62	222.	0.024	1726.	0.	294.9	-1.4	1.00
2.62	222.	0.024	1786.	0.	295.0	-1.4	1.00
2.62	222.	0.024	1858.	0.	295.0	-1.4	1.00
2.62	222.	0.024	1895.	0.	295.0	-1.5	1.00
2.62	222.	0.024	1948.	0.	295.0	-1.5	1.00
2.62	222.	0.024	2017.	0.	295.1	-1.5	1.00
2.62	222.	0.024	2072.	0.	295.1	-1.5	1.00
2.62	222.	0.024	2124.	0.	295.1	-1.6	1.00
2.62	222.	0.024	2177.	0.	295.1	-1.6	1.00
2.62	222.	0.024	2231.	0.	295.1	-1.6	1.00
2.62	222.	0.024	2283.	0.	295.2	-1.6	1.00
3.22	274.	- 0.041	6047.	0.	295.8	-2.2	1.00
3.22	274.	- 0.041	6098.	0.	295.7	-2.2	1.00
3.22	274.	- 0.041	6150.	0.	295.7	-2.2	1.00
3.22	274.	- 0.041	6206.	0.	295.8	-2.2	1.00
3.22	274.	- 0.041	6259.	0.	295.7	-2.2	1.00
3.22	274.	- 0.041	6312.	0.	295.8	-2.2	1.00
3.22	274.	- 0.041	6367.	0.	295.8	-2.2	1.00
3.22	274.	- 0.041	6420.	0.	295.8	-2.2	1.00
3.22	274.	- 0.041	6471.	0.	295.8	-2.2	1.00
3.22	274.	- 0.041	6522.	0.	295.8	-2.2	1.00
3.22	274.	- 0.041	6575.	0.	295.8	-2.2	1.00
3.22	274.	- 0.041	6628.	0.	295.8	-2.2	1.00
3.22	274.	- 0.041	6686.	0.	295.8	-2.2	1.00
4.75	403.	0.042	9446.	0.	295.9	-2.4	1.00
4.75	403.	0.042	9497.	0.	295.9	-2.3	1.00
4.75	403.	0.042	9553.	0.	295.9	-2.4	1.00
4.75	403.	0.042	9603.	0.	295.9	-2.4	1.00
4.75	403.	0.042	9655.	0.	295.9	-2.4	1.00
4.75	403.	0.042	9707.	0.	295.9	-2.4	1.00
4.75	403.	0.042	9764.	0.	295.9	-2.4	1.00
4.75	403.	0.042	9818.	0.	295.9	-2.4	1.00
4.75	403.	0.042	9872.	0.	295.9	-2.4	1.00
4.75	403.	0.042	9924.	0.	295.9	-2.4	1.00
4.75	403.	0.042	9981.	0.	295.9	-2.4	1.00
4.75	403.	0.042	10034.	0.	295.9	-2.4	1.00
4.75	403.	0.042	10087.	0.	295.9	-2.4	1.00
4.97	422.	0.059	10243.	0.	295.9	-2.4	1.00
4.97	422.	0.059	10300.	0.	295.9	-2.4	1.00
4.97	422.	0.059	10355.	0.	296.0	-2.4	1.00
4.97	422.	0.059	10409.	0.	295.9	-2.4	1.00
4.97	422.	0.059	10463.	0.	296.0	-2.4	1.00
4.97	422.	0.059	10518.	0.	296.0	-2.4	1.00
4.97	422.	0.059	10574.	0.	296.0	-2.4	1.00
4.97	422.	0.059	10625.	0.	296.0	-2.4	1.00
4.97	422.	0.059	10682.	0.	296.0	-2.4	1.00
4.97	422.	0.059	10734.	0.	296.0	-2.4	1.00
4.97	422.	0.059	10842.	0.	296.0	-2.4	1.00
4.97	422.	0.059	10893.	0.	296.0	-2.4	1.00
4.97	422.	0.059	10945.	0.	296.0	-2.4	1.00
5.25	445.	0.045	11099.	0.	296.0	-2.4	1.00
5.25	445.	0.045	11153.	0.	296.0	-2.4	1.00
5.25	445.	0.045	11209.	0.	296.0	-2.4	1.00
5.25	445.	0.045	11263.	0.	296.0	-2.4	1.00
5.25	445.	0.045	11319.	0.	296.0	-2.4	1.00
5.25	445.	0.045	11378.	0.	296.0	-2.4	1.00
5.25	445.	0.045	11430.	0.	296.0	-2.5	1.00
5.25	445.	0.045	11484.	0.	296.0	-2.5	1.00
5.25	445.	0.045	11540.	0.	296.0	-2.4	1.00
5.25	445.	0.045	11596.	0.	296.0	-2.5	1.00
5.25	445.	0.045	11648.	0.	296.0	-2.4	1.00
5.25	445.	0.045	11704.	0.	296.0	-2.5	1.00
5.25	445.	0.045	11763.	0.	296.0	-2.5	1.00
1.34	113.	0.363	78324.	0.	295.7	-2.2	1.00
1.34	113.	0.363	78374.	0.	295.8	-2.2	1.00
1.34	113.	0.363	78427.	0.	295.7	-2.2	1.00
1.34	113.	0.363	78479.	0.	295.7	-2.2	1.00
1.34	113.	0.363	78531.	0.	295.7	-2.2	1.00
1.34	113.	0.363	78588.	0.	295.7	-2.2	1.00
1.34	113.	0.363	78641.	0.	295.7	-2.2	1.00
1.34	113.	0.363	78695.	0.	295.7	-2.2	1.00
1.34	113.	0.363	78748.	0.	295.8	-2.2	1.00
1.34	113.	0.363	78800.	0.	295.8	-2.2	1.00
1.34	113.	0.363	78853.	0.	295.7	-2.2	1.00
1.34	113.	0.363	78906.	0.	295.8	-2.2	1.00
1.34	113.	0.363	78959.	0.	295.7	-2.2	1.00
0.79	67.	0.316	82641.	0.	295.8	-2.2	1.00
0.79	67.	0.316	82691.	0.	295.8	-2.2	1.00
0.79	67.	0.316	82741.	0.	295.8	-2.2	1.00
0.79	67.	0.316	82795.	0.	295.8	-2.2	1.00
0.79	67.	0.316	82850.	0.	295.8	-2.2	1.00
0.79	67.	0.316	82904.	0.	295.8	-2.2	1.00
0.79	67.	0.316	82961.	0.	295.8	-2.2	1.00
0.79	67.	0.316	83012.	0.	295.8	-2.2	1.00
0.79	67.	0.316	83068.	0.	295.8	-2.2	1.00
0.79	67.	0.316	83125.	0.	295.8	-2.2	1.00
0.79	67.	0.316	83193.	0.	295.8	-2.2	1.00
0.79	67.	0.316	83247.	0.	295.8	-2.2	1.00
0.79	67.	0.316	83307.	0.	295.8	-2.2	1.00
0.90	76.	0.299	86829.	0.	295.8	-2.2	1.00
0.90	76.	0.299	86883.	0.	295.7	-2.2	1.00
0.90	76.	0.299	86940.	0.	295.7	-2.2	1.00
0.90	76.	0.299	86991.	0.	295.7	-2.2	1.00
0.90	76.	0.299	87042.	0.	295.7	-2.2	1.00
0.90	76.	0.299	87094.	0.	295.7	-2.2	1.00
0.90	76.	0.299	87146.	0.	295.7	-2.2	1.00
0.90	76.	0.299	87199.	0.	295.7	-2.2	1.00
0.90	76.	0.299	87252.	0.	295.7	-2.2	1.00
0.90	76.	0.299	87308.	0.	295.7	-2.2	1.00
0.90	76.	0.299	87361.	0.	295.8	-2.2	1.00
0.90	76.	0.299	87411.	0.	295.7	-2.2	1.00
0.90	76.	0.299	87465.	0.	295.7	-2.2	1.00
1.38	117.	0.281	87638.	0.	295.8	-2.2	1.00
1.38	117.	0.281	87693.	0.	295.8	-2.2	1.00
1.38	117.	0.281	87760.	0.	295.8	-2.2	1.00
1.38	117.	0.281	87817.	0.	295.8	-2.2	1.00
1.38	117.	0.281	87869.	0.	295.8	-2.2	1.00
1.38	117.	0.281	87921.	0.	295.8	-2.2	1.00
1.38	117.	0.281	87975.	0.	295.8	-2.2	1.00
1.38	117.	0.281	88028.	0.	295.8	-2.2	1.00
1.38	117.	0.281	88084.	0.	295.8	-2.2	1.00
1.38	117.	0.281	88139.	0.	295.8	-2.2	1.00
1.38	117.	0.281	88195.	0.	295.8	-2.2	1.00
1.38	117.	0.281	88247.	0.	295.8	-2.2	1.00
1.38	117.	0.281	88303.	0.	295.8	-2.2	1.00
1.27	108.	0.265	93296.	0.	295.9	-2.3	1.00
1.27	108.	0.265	93361.	0.	295.9	-2.3	1.00

Table H.2.2 Diesel contamination on oxidized copper surface for Re = 1900 and x_b = 0.2 %
(file:trv15con1.tb2)

l_e (μm)	Γ (kg/m^2) X10^5	x_b (%)	Exposure Time (s)	Re	$\overline{T}_{T_T}$ (K)	$T_T - T_T$ (K)	F_{T_b}/F_{T_T}
0.20	17.	0.285	1008.	1643.	295.5	-1.8	1.00
0.20	17.	0.285	1065.	1587.	295.5	-1.8	1.00
0.20	17.	0.285	1135.	1633.	295.4	-1.8	1.00
0.20	17.	0.285	1179.	1597.	295.4	-1.8	1.00
0.20	17.	0.285	1258.	1613.	295.4	-1.8	1.00
0.20	17.	0.285	1321.	1623.	295.4	-1.7	1.00
0.20	17.	0.285	1392.	1529.	295.3	-1.7	1.00
0.20	17.	0.285	1492.	1571.	295.3	-1.7	1.00
0.20	17.	0.285	1536.	1591.	295.3	-1.6	1.00
0.20	17.	0.285	1574.	1597.	295.2	-1.6	1.00
0.20	17.	0.285	1617.	1521.	295.2	-1.6	1.00
0.20	17.	0.285	1661.	1542.	295.2	-1.6	1.00
0.20	17.	0.285	1705.	1599.	295.2	-1.5	1.00
0.27	23.	0.198	61523.	1739.	293.5	0.1	1.00
0.27	23.	0.198	61568.	1800.	293.5	0.1	1.00
0.27	23.	0.198	61614.	1778.	293.5	0.2	1.00
0.27	23.	0.198	61656.	1787.	293.4	0.2	1.00
0.27	23.	0.198	61697.	1788.	293.4	0.2	1.00
0.27	23.	0.198	61743.	1802.	293.4	0.2	1.00
0.27	23.	0.198	61782.	1712.	293.4	0.2	1.00
0.27	23.	0.198	61823.	1778.	293.4	0.3	1.00
0.27	23.	0.198	61865.	1750.	293.4	0.3	1.00
0.27	23.	0.198	61905.	1697.	293.4	0.3	1.00
0.27	23.	0.198	61946.	1776.	293.3	0.3	1.00
0.27	23.	0.198	61987.	1759.	293.3	0.3	1.00
0.27	23.	0.198	62026.	1794.	293.3	0.3	1.00
0.65	55.	0.179	62198.	1706.	293.3	0.4	1.00
0.65	55.	0.179	62241.	1737.	293.3	0.4	1.00
0.65	55.	0.179	62282.	1781.	293.3	0.4	1.00
0.65	55.	0.179	62324.	1746.	293.2	0.4	1.00
0.65	55.	0.179	62367.	1705.	293.2	0.4	1.00
0.65	55.	0.179	62409.	1785.	293.2	0.4	1.00
0.65	55.	0.179	62454.	1743.	293.2	0.4	1.00
0.65	55.	0.179	62498.	1756.	293.2	0.4	1.00
0.65	55.	0.179	62539.	1696.	293.2	0.4	1.00
0.65	55.	0.179	62581.	1763.	293.2	0.4	1.00
0.65	55.	0.179	62622.	1765.	293.2	0.4	1.00
0.65	55.	0.179	62664.	1776.	293.2	0.4	1.00
0.65	55.	0.179	62707.	1725.	293.2	0.4	1.00
1.68	143.	0.152	66387.	1801.	293.7	0.0	1.00
1.68	143.	0.152	66427.	1783.	293.7	0.0	1.00
1.68	143.	0.152	66469.	1746.	293.6	0.0	1.00
1.68	143.	0.152	66509.	1824.	293.6	0.0	1.00
1.68	143.	0.152	66551.	1810.	293.6	0.1	1.00
1.68	143.	0.152	66592.	1810.	293.6	0.1	1.00
1.68	143.	0.152	66632.	1784.	293.5	0.1	1.00
1.68	143.	0.152	66709.	1682.	293.5	0.1	1.00
1.68	143.	0.152	66749.	1722.	293.5	0.1	1.00
1.68	143.	0.152	66788.	1779.	293.5	0.2	1.00
1.68	143.	0.152	66829.	1706.	293.4	0.2	1.00
1.68	143.	0.152	66869.	1794.	293.4	0.2	1.00
1.68	143.	0.152	66910.	1748.	293.4	0.2	1.00
0.43	36.	0.250	69847.	1776.	294.0	-0.3	1.00
0.43	36.	0.250	69884.	1736.	294.0	-0.3	1.00
0.43	36.	0.250	69926.	1785.	294.0	-0.3	1.00
0.43	36.	0.250	69967.	1789.	294.0	-0.3	1.00
0.43	36.	0.250	70009.	1795.	294.0	-0.4	1.00
0.43	36.	0.250	70049.	1714.	294.0	-0.3	1.00
0.43	36.	0.250	70091.	1827.	294.0	-0.3	1.00
0.43	36.	0.250	70131.	1768.	294.0	-0.4	1.00
0.43	36.	0.250	70173.	1799.	294.0	-0.3	1.00
0.43	36.	0.250	70212.	1727.	294.0	-0.3	1.00
0.43	36.	0.250	70255.	1754.	294.0	-0.3	1.00
0.43	36.	0.250	70295.	1770.	294.0	-0.3	1.00
0.43	36.	0.250	70333.	1774.	294.0	-0.3	1.00
0.24	21.	0.207	70481.	1785.	294.0	-0.3	1.00
0.24	21.	0.207	70523.	1783.	294.0	-0.3	1.00
0.24	21.	0.207	70562.	1749.	293.9	-0.3	1.00
0.24	21.	0.207	70603.	1732.	293.9	-0.3	1.00
0.24	21.	0.207	70645.	1792.	293.9	-0.3	1.00
0.24	21.	0.207	70685.	1825.	293.9	-0.3	1.00
0.24	21.	0.207	70726.	1843.	293.9	-0.3	1.00
0.24	21.	0.207	70767.	1815.	293.9	-0.3	1.00
0.24	21.	0.207	70807.	1772.	293.9	-0.2	1.00
0.24	21.	0.207	70846.	1707.	293.9	-0.2	1.00
0.24	21.	0.207	70886.	1728.	293.8	-0.2	1.00
0.24	21.	0.207	70928.	1706.	293.8	-0.2	1.00
0.24	21.	0.207	70968.	1734.	293.8	-0.2	1.00
0.06	5.	0.202	71125.	1826.	293.8	-0.1	1.00
0.06	5.	0.202	71164.	1779.	293.7	-0.1	1.00
0.06	5.	0.202	71204.	1803.	293.7	-0.1	1.00
0.06	5.	0.202	71251.	1747.	293.7	-0.1	1.00
0.06	5.	0.202	71295.	1755.	293.7	-0.1	1.00
0.06	5.	0.202	71336.	1754.	293.6	0.0	1.00
0.06	5.	0.202	71379.	1723.	293.6	0.0	1.00
0.06	5.	0.202	71420.	1732.	293.6	0.0	1.00
0.06	5.	0.202	71461.	1746.	293.6	0.0	1.00
0.06	5.	0.202	71503.	1797.	293.6	0.1	1.00
0.06	5.	0.202	71543.	1784.	293.6	0.1	1.00
0.06	5.	0.202	71583.	1778.	293.5	0.1	1.00
0.06	5.	0.202	71624.	1806.	293.5	0.1	1.00
-0.09	-8.	0.204	80588.	1803.	293.9	-0.3	1.00
-0.09	-8.	0.204	80631.	1813.	293.9	-0.3	1.00
-0.09	-8.	0.204	80674.	1820.	293.9	-0.3	1.00
-0.09	-8.	0.204	80717.	1743.	293.9	-0.3	1.00
-0.09	-8.	0.204	80759.	1819.	293.9	-0.2	1.00
-0.09	-8.	0.204	80803.	1783.	293.9	-0.2	1.00
-0.09	-8.	0.204	80848.	1784.	293.8	-0.2	1.00
-0.09	-8.	0.204	80892.	1723.	293.8	-0.2	1.00
-0.09	-8.	0.204	80933.	1845.	293.8	-0.1	1.00
-0.09	-8.	0.204	80977.	1749.	293.8	-0.1	1.00
-0.09	-8.	0.204	81018.	1707.	293.8	-0.1	1.00
-0.09	-8.	0.204	81061.	1803.	293.7	-0.1	1.00
-0.09	-8.	0.204	81106.	1755.	293.7	-0.1	1.00
-0.12	-10.	0.201	84789.	1751.	294.0	-0.3	1.00
-0.12	-10.	0.201	84836.	1730.	294.0	-0.3	1.00
-0.12	-10.	0.201	84888.	1726.	294.0	-0.3	1.00
-0.12	-10.	0.201	84954.	1805.	294.0	-0.3	1.00
-0.12	-10.	0.201	85002.	1797.	294.0	-0.3	1.00
-0.12	-10.	0.201	85046.	1695.	294.0	-0.3	1.00
-0.12	-10.	0.201	85085.	1726.	294.0	-0.3	1.00
-0.12	-10.	0.201	85122.	1713.	294.0	-0.3	1.00
-0.12	-10.	0.201	85173.	1834.	294.0	-0.3	1.00
-0.12	-10.	0.201	85210.	1821.	294.0	-0.3	1.00
-0.12	-10.	0.201	85250.	1825.	294.0	-0.3	1.00
-0.12	-10.	0.201	85289.	1823.	293.9	-0.3	1.00
-0.12	-10.	0.201	85357.	1820.	293.9	-0.3	1.00
-0.09	-8.	0.187	150554.	1704.	293.9	-0.3	1.00
-0.09	-8.	0.187	150599.	1729.	293.9	-0.3	1.00
-0.09	-8.	0.187	150645.	1782.	293.9	-0.3	1.00
-0.09	-8.	0.187	150688.	1831.	293.9	-0.2	1.00
-0.09	-8.	0.187	150735.	1716.	293.8	-0.2	1.00
-0.09	-8.	0.187	150775.	1792.	293.8	-0.2	1.00
-0.09	-8.	0.187	150817.	1743.	293.8	-0.2	1.00
-0.09	-8.	0.187	150855.	1796.	293.8	-0.2	1.00
-0.09	-8.	0.187	150898.	1764.	293.8	-0.1	1.00
-0.09	-8.	0.187	150937.	1733.	293.8	-0.1	1.00
-0.09	-8.	0.187	150978.	1721.	293.7	-0.1	1.00
-0.09	-8.	0.187	151018.	1766.	293.7	-0.1	1.00
-0.09	-8.	0.187	151060.	1780.	293.7	-0.1	1.00
-0.15	-13.	0.191	151192.	1726.	293.6	0.0	1.00
-0.15	-13.	0.191	151234.	1711.	293.6	0.0	1.00
-0.15	-13.	0.191	151277.	1800.	293.6	0.0	1.00
-0.15	-13.	0.191	151319.	1796.	293.6	0.0	1.00
-0.15	-13.	0.191	151364.	1786.	293.6	0.0	1.00
-0.15	-13.	0.191	151406.	1767.	293.6	0.1	1.00
-0.15	-13.	0.191	151448.	1784.	293.5	0.1	1.00
-0.15	-13.	0.191	151489.	1775.	293.5	0.1	1.00
-0.15	-13.	0.191	151529.	1815.	293.5	0.1	1.00
-0.15	-13.	0.191	151569.	1691.	293.4	0.2	1.00
-0.15	-13.	0.191	151609.	1727.	293.4	0.2	1.00
-0.15	-13.	0.191	151650.	1716.	293.4	0.2	1.00
-0.15	-13.	0.191	151691.	1723.	293.4	0.2	1.00
-0.17	-14.	0.194	154873.	1797.	294.0	-0.3	1.00
-0.17	-14.	0.194	154913.	1770.	294.0	-0.3	1.00
-0.17	-14.	0.194	154958.	1774.	294.0	-0.3	1.00
-0.17	-14.	0.194	155004.	1739.	294.0	-0.3	1.00
-0.17	-14.	0.194	155046.	1791.	294.0	-0.3	1.00
-0.17	-14.	0.194	155087.	1816.	294.0	-0.3	1.00
-0.17	-14.	0.194	155128.	1847.	294.0	-0.3	1.00
-0.17	-14.	0.194	155168.	1811.	294.0	-0.3	1.00
-0.17	-14.	0.194	155208.	1811.	294.0	-0.3	1.00
-0.17	-14.	0.194	155248.	1718.	294.0	-0.3	1.00
-0.17	-14.	0.194	155292.	1815.	294.0	-0.3	1.00
-0.17	-14.	0.194	155333.	1753.	294.0	-0.3	1.00
-0.17	-14.	0.194	155377.	1738.	294.0	-0.3	1.00
-0.23	-20.	0.194	158222.	1712.	293.3	0.3	1.00
-0.23	-20.	0.194	158266.	1780.	293.3	0.3	1.00
-0.23	-20.	0.194	158305.	1721.	293.3	0.3	1.00

Table H.2.3 Diesel contamination on oxidized copper surface for Re = 3200 and x_b = 0.2 %
(file:trv3con1.tb2)

l_e (μm)	Γ (kg/m²) ×10⁵	x_b (%)	Exposure Time (s)	Re	$\overline{T}_{T_r}$ (K)	$T_f^- - \overline{T}_{T_r}$ (K)	$\frac{F_{T_h}}{F_{T_r}}$
-0.36	-30.	0.309	1521.	3405.	296.1	-2.5	1.00
-0.36	-30.	0.309	1553.	3305.	296.2	-2.5	1.00
-0.36	-30.	0.309	1607.	3389.	296.2	-2.5	1.00
-0.36	-30.	0.309	1706.	3349.	296.2	-2.5	1.00
-0.36	-30.	0.309	1749.	3300.	296.2	-2.5	1.00
-0.36	-30.	0.309	1789.	3228.	296.2	-2.5	1.00
-0.36	-30.	0.309	1831.	3390.	296.2	-2.5	1.00
-0.36	-30.	0.309	1873.	3178.	296.2	-2.5	1.00
-0.36	-30.	0.309	1920.	3405.	296.2	-2.5	1.00
-0.36	-30.	0.309	1966.	3357.	296.2	-2.5	1.00
-0.36	-30.	0.309	2009.	3390.	296.2	-2.5	1.00
-0.36	-30.	0.309	2051.	3372.	296.2	-2.5	1.00
-0.36	-30.	0.309	2092.	3283.	296.2	-2.5	1.00
-0.47	-40.	0.296	2224.	3216.	296.2	-2.5	1.00
-0.47	-40.	0.296	2267.	3301.	296.2	-2.5	1.00
-0.47	-40.	0.296	2310.	3389.	296.2	-2.5	1.00
-0.47	-40.	0.296	2354.	3356.	296.2	-2.5	1.00
-0.47	-40.	0.296	2401.	3234.	296.1	-2.5	1.00
-0.47	-40.	0.296	2442.	3273.	296.1	-2.5	1.00
-0.47	-40.	0.296	2482.	3378.	296.1	-2.5	1.00
-0.47	-40.	0.296	2524.	3327.	296.1	-2.5	1.00
-0.47	-40.	0.296	2569.	3310.	296.1	-2.5	1.00
-0.47	-40.	0.296	2775.	3244.	296.1	-2.4	1.00
-0.47	-40.	0.296	2819.	3241.	296.0	-2.4	1.00
-0.47	-40.	0.296	2852.	3337.	296.0	-2.4	1.00
-0.47	-40.	0.296	2903.	3194.	296.0	-2.4	1.00
-0.47	-40.	0.268	5441.	3245.	294.4	-0.8	1.00
-0.47	-40.	0.268	5486.	3227.	294.4	-0.8	1.00
-0.47	-40.	0.268	5531.	3253.	294.4	-0.7	1.00
-0.47	-40.	0.268	5572.	3276.	294.3	-0.7	1.00
-0.47	-40.	0.268	5619.	3164.	294.3	-0.6	1.00
-0.47	-40.	0.268	5660.	3209.	294.3	-0.6	1.00
-0.47	-40.	0.268	5702.	3113.	294.2	-0.6	1.00
-0.47	-40.	0.268	5744.	3195.	294.2	-0.6	1.00
-0.47	-40.	0.268	5783.	3110.	294.2	-0.5	1.00
-0.47	-40.	0.268	5824.	3083.	294.1	-0.5	1.00
-0.47	-40.	0.268	5856.	3242.	294.1	-0.4	1.00
-0.47	-40.	0.268	5909.	3209.	294.1	-0.4	1.00
-0.47	-40.	0.268	5957.	3083.	294.0	-0.4	1.00
-0.32	-27.	0.256	8786.	3192.	293.2	-0.5	1.00
-0.32	-27.	0.256	8776.	3194.	293.2	-0.5	1.00
-0.32	-27.	0.256	8821.	3211.	293.2	-0.4	1.00
-0.32	-27.	0.256	8865.	3118.	293.2	-0.4	1.00
-0.32	-27.	0.256	8906.	3075.	293.3	-0.4	1.00
-0.32	-27.	0.256	8946.	3168.	293.3	-0.4	1.00
-0.32	-27.	0.256	8988.	3098.	293.3	-0.3	1.00
-0.32	-27.	0.256	9028.	3117.	293.3	-0.3	1.00
-0.32	-27.	0.256	9070.	3132.	293.3	-0.3	1.00
-0.32	-27.	0.256	9116.	3236.	293.3	-0.3	1.00
-0.32	-27.	0.256	9152.	3173.	293.4	-0.3	1.00
-0.32	-27.	0.256	9204.	3083.	293.4	-0.3	1.00
-0.32	-27.	0.256	9244.	3093.	293.4	-0.2	1.00
-0.28	-24.	0.246	9383.	3208.	293.5	-0.2	1.00
-0.28	-24.	0.246	9424.	3107.	293.5	-0.2	1.00
-0.28	-24.	0.246	9455.	3177.	293.5	-0.1	1.00
-0.28	-24.	0.246	9506.	3178.	293.5	-0.1	1.00
-0.28	-24.	0.246	9548.	3219.	293.6	-0.1	1.00
-0.28	-24.	0.246	9592.	3213.	293.6	-0.1	1.00
-0.28	-24.	0.246	9635.	3084.	293.6	0.0	1.00
-0.28	-24.	0.246	9677.	3266.	293.6	0.0	1.00
-0.28	-24.	0.246	9721.	3196.	293.6	0.0	1.00
-0.28	-24.	0.246	9755.	3172.	293.7	0.0	1.00
-0.28	-24.	0.246	9807.	3121.	293.7	-0.1	1.00
-0.28	-24.	0.246	9849.	3154.	293.7	-0.1	1.00
-0.28	-24.	0.246	9892.	3171.	293.7	-0.1	1.00
-0.38	-32.	0.240	10046.	3258.	293.8	-0.2	1.00
-0.38	-32.	0.240	10087.	3141.	293.9	-0.2	1.00
-0.38	-32.	0.240	10132.	3151.	293.9	-0.2	1.00
-0.38	-32.	0.240	10175.	3216.	293.9	-0.3	1.00
-0.38	-32.	0.240	10219.	3071.	293.9	-0.3	1.00
-0.38	-32.	0.240	10261.	3186.	293.9	-0.3	1.00
-0.38	-32.	0.240	10304.	3088.	294.0	-0.3	1.00
-0.38	-32.	0.240	10347.	3172.	294.0	-0.3	1.00
-0.38	-32.	0.240	10389.	3126.	294.0	-0.4	1.00
-0.38	-32.	0.240	10431.	3222.	294.0	-0.4	1.00
-0.38	-32.	0.240	10471.	3143.	294.0	-0.4	1.00
-0.38	-32.	0.240	10514.	3143.		294.0	-0.4	1.00
-0.38	-32.	0.240	10556.	3279.		294.0	-0.4	1.00
-0.55	-46.	0.271	13807.	3069.		293.3	0.4	1.00
-0.55	-46.	0.271	13850.	3054.		293.3	0.4	1.00
-0.55	-46.	0.271	13403.	3191.		293.3	0.4	1.00
-0.55	-46.	0.271	13445.	3197.		293.3	0.4	1.00
-0.55	-46.	0.271	13492.	3128.		293.3	0.4	1.00
-0.55	-46.	0.271	13541.	3119.		293.3	0.4	1.00
-0.55	-46.	0.271	13582.	3097.		293.3	0.4	1.00
-0.55	-46.	0.271	13624.	3145.		293.3	0.4	1.00
-0.55	-46.	0.271	13665.	3128.		293.3	0.4	1.00
-0.55	-46.	0.271	13709.	3106.		293.3	0.4	1.00
-0.55	-46.	0.271	13750.	3264.		293.3	0.4	1.00
-0.55	-46.	0.271	13807.	3099.		293.3	0.3	1.00
-0.55	-46.	0.271	13848.	3183.		293.3	0.4	1.00
-0.19	-7.	0.214	16251.	3229.		294.0	-0.3	1.00
-0.19	-7.	0.214	16296.	3229.		294.0	-0.3	1.00
-0.19	-7.	0.214	16340.	3229.		294.0	-0.3	1.00
-0.19	-7.	0.214	16380.	3233.		293.9	-0.3	1.00
-0.19	-7.	0.214	16428.	3104.		293.9	-0.3	1.00
-0.19	-7.	0.214	16471.	3209.		293.9	-0.3	1.00
-0.19	-7.	0.214	16518.	3100.		293.9	-0.2	1.00
-0.19	-7.	0.214	16559.	3216.		293.9	-0.3	1.00
-0.19	-7.	0.214	16607.	3254.		293.9	-0.2	1.00
-0.19	-7.	0.214	16650.	3041.		293.9	-0.2	1.00
-0.19	-7.	0.214	16693.	3227.		293.9	-0.2	1.00
-0.19	-7.	0.214	16735.	3097.		293.8	-0.2	1.00
-0.19	-7.	0.214	16777.	3266.		293.8	-0.2	1.00
-0.19	-6.	0.227	21142.	3150.		294.0	-0.3	1.00
-0.19	-6.	0.227	21186.	3156.		294.0	-0.3	1.00
-0.19	-6.	0.227	21233.	3203.		293.9	-0.3	1.00
-0.19	-6.	0.227	21277.	3187.		293.9	-0.3	1.00
-0.19	-6.	0.227	21322.	3074.		293.9	-0.3	1.00
-0.19	-6.	0.227	21366.	3155.		293.9	-0.3	1.00
-0.19	-6.	0.227	21413.	3264.		293.9	-0.3	1.00
-0.19	-6.	0.227	21458.	3205.		293.9	-0.2	1.00
-0.19	-6.	0.227	21504.	3278.		293.9	-0.2	1.00
-0.19	-6.	0.227	21548.	3142.		293.9	-0.2	1.00
-0.19	-6.	0.227	21591.	3180.		293.8	-0.2	1.00
-0.19	-6.	0.227	21640.	3146.		293.8	-0.2	1.00
-0.19	-6.	0.227	21684.	3209.		293.8	-0.2	1.00
0.21	18.	0.203			21839.	3237.	293.8	-0.1	1.00
0.21	18.	0.203			21883.	3141.	293.7	-0.1	1.00
0.21	18.	0.203			21928.	3211.	293.7	-0.1	1.00
0.21	18.	0.203	21971.	3273.		293.7	0.0	1.00
0.21	18.	0.203	22017.	3183.		293.7	0.0	1.00
0.21	18.	0.203	22063.	3229.		293.6	0.0	1.00
0.21	18.	0.203	22112.	3112.		293.6	0.0	1.00
0.21	18.	0.203	22153.	3241.		293.6	0.1	1.00
0.21	18.	0.203	22211.	3206.		293.6	0.1	1.00
0.21	18.	0.203	22255.	3093.		293.6	0.1	1.00
0.21	18.	0.203	22299.	3228.		293.5	0.1	1.00
0.21	18.	0.203	22343.	3139.		293.5	0.2	1.00
0.21	18.	0.203	22385.	3133.		293.5	0.1	1.00
0.15	13.	0.220			26466.	3174.	293.9	-0.2	1.00
0.15	13.	0.220			26517.	3158.	293.9	-0.2	1.00
0.15	13.	0.220			26566.	3138.	293.8	-0.1	1.00
0.15	13.	0.220			26615.	3256.	293.8	-0.1	1.00
0.15	13.	0.220			26661.	3280.	293.8	-0.1	1.00
0.15	13.	0.220			26702.	3254.	293.8	-0.1	1.00
0.15	13.	0.220			26748.	3134.	293.7	-0.1	1.00
0.15	13.	0.220			26794.	3140.	293.7	-0.1	1.00
0.15	13.	0.220	26841.	3131.		293.7	0.0	1.00
0.15	13.	0.220	26887.	3145.		293.7	0.0	1.00
0.15	13.	0.220	26934.	3197.		293.6	0.0	1.00
0.15	13.	0.220	26978.	3179.		293.6	0.0	1.00
0.15	13.	0.220	27023.	3118.		293.6	0.0	1.00
1.79	152.	0.283			349347.	3146.	293.9	-0.3	1.00
1.79	152.	0.283			349389.	3169.	293.9	-0.3	1.00
1.79	152.	0.283			349434.	3162.	294.0	-0.3	1.00
1.79	152.	0.283			349478.	3341.	294.0	-0.3	1.00
1.79	152.	0.283			349522.	3292.	294.0	-0.3	1.00
1.79	152.	0.283			349569.	3260.	294.0	-0.3	1.00
1.79	152.	0.283			349620.	3236.	294.0	-0.3	1.00
1.79	152.	0.283			349662.	3318.	294.0	-0.3	1.00
1.79	152.	0.283			349706.	3285.	294.0	-0.3	1.00
1.79	152.	0.283			349750.	3293.	294.0	-0.3	1.00
1.79	152.	0.283			349792.	3310.	294.0	-0.3	1.00
1.79	152.	0.283			349836.	3336.	294.0	-0.3	1.00

Table H.2.4 Diesel contamination on oxidized copper surface for Re = 4600 and x_b = 0.2 % (file:trv45con1.tb2)

l_e (μm)	Γ (kg/m²) X10⁵	x_b (%)	Exposure Time (s)	Re	$\overline{T}_{T_T}$ (K)	$T_{f}-\overline{T}_{T_T}$ (K)	$\dfrac{F_{f_b}}{F_{T_T}}$
7.96	676, 0.171		236041.	4684.	293.4	0.3	1.00
7.96	676, 0.171		236081.	4736.	293.4	0.3	1.00
7.96	676, 0.171		236122.	4503.	293.4	0.3	1.00
7.96	676, 0.171		236166.	4684.	293.4	0.3	1.00
7.96	676, 0.171		236207.	4651.	293.4	0.3	1.00
7.96	676, 0.171		236249.	4601.	293.4	0.3	1.00
7.96	676, 0.171		236293.	4636.	293.4	0.3	1.00
7.96	676, 0.171		236338.	4459.	293.4	0.2	1.00
7.96	676, 0.171		236382.	4654.	293.4	0.2	1.00
7.96	676, 0.171		236423.	4524.	293.4	0.2	1.00
7.96	676, 0.171		236464.	4572.	293.4	0.2	1.00
7.96	676, 0.171		236505.	4480.	293.4	0.2	1.00
7.96	676, 0.171		236554.	4624.	293.4	0.2	1.00
7.89	670, 0.170		236711.	4568.	293.5	0.1	1.00
7.89	670, 0.170		236754.	4634.	293.5	0.1	1.00
7.89	670, 0.170		236797.	4571.	293.6	0.1	1.00
7.89	670, 0.170		236838.	4573.	293.6	0.1	1.00
7.89	670, 0.170		236883.	4593.	293.6	0.0	1.00
7.89	670, 0.170		236931.	4514.	293.6	0.0	1.00
7.89	670, 0.170		236982.	4500.	293.6	0.0	1.00
7.89	670, 0.170		237026.	4440.	293.7	0.0	1.00
7.89	670, 0.170		237070.	4736.	293.7	-0.1	1.00
7.89	670, 0.170		237111.	4477.	293.7	-0.1	1.00
7.89	670, 0.170		237152.	4465.	293.7	-0.1	1.00
7.89	670, 0.170		237198.	4628.	293.8	-0.1	1.00
7.89	670, 0.170		237241.	4800.	293.8	-0.1	1.00
7.83	665, 0.155		240174.	4594.	293.4	0.2	1.00
7.83	665, 0.155		240224.	4495.	293.4	0.2	1.00
7.83	665, 0.155		240267.	4491.	293.4	0.2	1.00
7.83	665, 0.155		240313.	4523.	293.4	0.3	1.00
7.83	665, 0.155		240355.	4505.	293.4	0.3	1.00
7.83	665, 0.155		240396.	4491.	293.4	0.3	1.00
7.83	665, 0.155		240460.	4650.	293.4	0.3	1.00
7.83	665, 0.155		240502.	4652.	293.4	0.3	1.00
7.83	665, 0.155		240546.	4504.	293.4	0.3	1.00
7.83	665, 0.155		240591.	4633.	293.4	0.3	1.00
7.83	665, 0.155		240635.	4460.	293.4	0.3	1.00
7.83	665, 0.155		240679.	4587.	293.4	0.3	1.00
7.83	665, 0.155		240723.	4429.	293.4	0.3	1.00
7.79	661, 0.150		243116.	4657.	294.0	-0.4	1.00
7.79	661, 0.150		243163.	4791.	294.0	-0.4	1.00
7.79	661, 0.150		243213.	4704.	294.0	-0.4	1.00
7.79	661, 0.150		243257.	4619.	294.0	-0.4	1.00
7.79	661, 0.150		243301.	4444.	294.0	-0.3	1.00
7.79	661, 0.150		243345.	4649.	294.0	-0.3	1.00
7.79	661, 0.150		243390.	4456.	294.0	-0.3	1.00
7.79	661, 0.150		243433.	4780.	293.9	-0.3	1.00
7.79	661, 0.150		243474.	4711.	293.9	-0.3	1.00
7.79	661, 0.150		243515.	4693.	293.9	-0.3	1.00
7.79	661, 0.150		243556.	4624.	293.9	-0.3	1.00
7.79	661, 0.150		243596.	4527.	293.9	-0.3	1.00
7.79	661, 0.150		243639.	4654.	293.9	-0.2	1.00
8.05	684, 0.121		243799.	4667.	293.8	-0.2	1.00
8.05	684, 0.121		243844.	4615.	293.8	-0.1	1.00
8.05	684, 0.121		243886.	4662.	293.8	-0.1	1.00
8.05	684, 0.121		243929.	4563.	293.8	-0.1	1.00
8.05	684, 0.121		243972.	4658.	293.7	-0.1	1.00
8.05	684, 0.121		244014.	4724.	293.7	-0.1	1.00
8.05	684, 0.121		244056.	4671.	293.7	-0.1	1.00
8.05	684, 0.121		244095.	4445.	293.7	0.0	1.00
8.05	684, 0.121		244138.	4583.	293.6	0.0	1.00
8.05	684, 0.121		244181.	4441.	293.6	0.0	1.00
8.05	684, 0.121		244226.	4547.	293.6	0.0	1.00
8.05	684, 0.121		244268.	4625.	293.6	0.1	1.00
8.05	684, 0.121		244315.	4496.	293.6	0.1	1.00
7.85	667, 0.152		244469.	4473.	293.5	0.1	1.00
7.85	667, 0.152		244510.	4548.	293.5	0.2	1.00
7.85	667, 0.152		244553.	4544.	293.5	0.2	1.00
7.85	667, 0.152		244598.	4624.	293.4	0.2	1.00
7.85	667, 0.152		244644.	4403.	293.4	0.2	1.00
7.85	667, 0.152		244685.	4671.	293.4	0.2	1.00
7.85	667, 0.152		244744.	4570.	293.4	0.2	1.00
7.85	667, 0.152		244791.	4636.	293.4	0.2	1.00
7.85	667, 0.152		244838.	4601.	293.4	0.3	1.00
7.85	667, 0.152		244885.	4617.	293.4	0.3	1.00
7.85	667, 0.152		244930.	4490.	293.4	0.3	1.00
7.85	667, 0.152		244975.	4649.	293.4	0.3	1.00
7.85	667, 0.152		245019.	4668.	293.4	0.3	1.00
7.84	666, 0.118		248265.	4789.	293.8	-0.2	1.00
7.84	666, 0.118		248305.	4685.	293.8	-0.1	1.00
7.84	666, 0.118		248349.	4648.	293.8	-0.1	1.00
7.84	666, 0.118		248392.	4632.	293.8	-0.1	1.00
7.84	666, 0.118		248436.	4626.	293.7	-0.1	1.00
7.84	666, 0.118		248482.	4743.	293.7	-0.1	1.00
7.84	666, 0.118		248524.	4707.	293.7	-0.1	1.00
7.84	666, 0.118		248566.	4555.	293.7	0.0	1.00
7.84	666, 0.118		248610.	4669.	293.7	0.0	1.00
7.84	666, 0.118		248650.	4632.	293.6	0.0	1.00
7.84	666, 0.118		248697.	4697.	293.6	0.0	1.00
7.84	666, 0.118		248739.	4680.	293.6	0.0	1.00
7.84	666, 0.118		248783.	4545.	293.6	0.1	1.00
7.50	637, 0.125		255063.	4646.	293.8	-0.1	1.00
7.50	637, 0.125		255106.	4458.	293.8	-0.1	1.00
7.50	637, 0.125		255151.	4635.	293.8	-0.2	1.00
7.50	637, 0.125		255199.	4707.	293.9	-0.2	1.00
7.50	637, 0.125		255243.	4743.	293.9	-0.2	1.00
7.50	637, 0.125		255284.	4676.	293.9	-0.3	1.00
7.50	637, 0.125		255327.	4598.	293.9	-0.3	1.00
7.50	637, 0.125		255369.	4698.	293.9	-0.3	1.00
7.50	637, 0.125		255413.	4719.	294.0	-0.3	1.00
7.50	637, 0.125		255457.	4705.	294.0	-0.3	1.00
7.50	637, 0.125		255502.	4687.	294.0	-0.4	1.00
7.50	637, 0.125		255544.	4607.	294.0	-0.4	1.00
7.50	637, 0.125		255586.	4640.	294.0	-0.4	1.00
7.40	628, 0.151		261040.	4483.	294.1	-0.4	1.00
7.40	628, 0.151		261080.	4743.	294.1	-0.4	1.00
7.40	628, 0.151		261120.	4496.	294.0	-0.4	1.00
7.40	628, 0.151		261162.	4740.	294.0	-0.4	1.00
7.40	628, 0.151		261204.	4705.	294.0	-0.4	1.00
7.40	628, 0.151		261245.	4462.	294.0	-0.4	1.00
7.40	628, 0.151		261287.	4618.	294.0	-0.3	1.00
7.40	628, 0.151		261331.	4584.	294.0	-0.3	1.00
7.40	628, 0.151		261373.	4666.	294.0	-0.3	1.00
7.40	628, 0.151		261412.	4766.	293.9	-0.3	1.00
7.40	628, 0.151		261453.	4712.	293.9	-0.3	1.00
7.40	628, 0.151		261494.	4694.	293.9	-0.3	1.00
7.40	628, 0.151		261535.	4544.	293.9	-0.3	1.00
7.51	637, 0.152		261665.	4638.	293.9	-0.2	1.00
7.51	637, 0.152		261705.	4572.	293.9	-0.2	1.00
7.51	637, 0.152		261748.	4704.	293.9	-0.2	1.00
7.51	637, 0.152		261789.	4504.	293.8	-0.2	1.00
7.51	637, 0.152		261828.	4633.	293.8	-0.2	1.00
7.51	637, 0.152		261871.	4632.	293.8	-0.1	1.00
7.51	637, 0.152		261914.	4498.	293.8	-0.1	1.00
7.51	637, 0.152		261955.	4727.	293.8	-0.1	1.00
7.51	637, 0.152		262001.	4404.	293.7	-0.1	1.00
7.51	637, 0.152		262045.	4557.	293.7	-0.1	1.00
7.51	637, 0.152		262087.	4414.	293.7	-0.1	1.00
7.51	637, 0.152		262129.	4460.	293.7	0.0	1.00
7.51	637, 0.152		262173.	4487.	293.6	0.0	1.00
7.34	623, 0.110		323906.	4531.	294.0	-0.4	1.00
7.34	623, 0.110		323949.	4467.	294.0	-0.4	1.00
7.34	623, 0.110		323995.	4674.	294.0	-0.4	1.00
7.34	623, 0.110		324038.	4707.	294.0	-0.4	1.00
7.34	623, 0.110		324081.	4623.	294.0	-0.4	1.00
7.34	623, 0.110		324121.	4479.	294.0	-0.4	1.00
7.34	623, 0.110		324163.	4681.	294.0	-0.4	1.00
7.34	623, 0.110		324202.	4508.	294.0	-0.3	1.00
7.34	623, 0.110		324244.	4476.	294.0	-0.3	1.00
7.34	623, 0.110		324285.	4489.	293.9	-0.3	1.00
7.34	623, 0.110		324327.	4681.	293.9	-0.3	1.00
7.34	623, 0.110		324368.	4411.	293.9	-0.3	1.00
7.34	623, 0.110		324412.	4578.	293.9	-0.3	1.00
7.08	601, 0.150		327196.	4693.	293.9	-0.3	1.00
7.08	601, 0.150		327249.	4612.	293.9	-0.3	1.00
7.08	601, 0.150		327299.	4731.	294.0	-0.3	1.00
7.08	601, 0.150		327353.	4444.	294.0	-0.3	1.00
7.08	601, 0.150		327404.	4652.	294.0	-0.4	1.00
7.08	601, 0.150		327448.	4724.	294.0	-0.4	1.00
7.08	601, 0.150		327492.	4724.	294.0	-0.4	1.00
7.08	601, 0.150		327535.	4673.	294.0	-0.4	1.00
7.08	601, 0.150		327577.	4437.	294.1	-0.4	1.00
7.08	601, 0.150		327620.	4529.	294.1	-0.4	1.00

Table H.2.5 Diesel contamination on oxidized copper surface for Re = 7000 and x_b = 0.2 %
(file:trv6con1.tb2)

l_e (μm)	Γ (kg/m²) X10⁵	x_b (%)	Exposure Time (s)	Re	$\overline{T}_{T_r}$ (K)	$T_f - \overline{T}_{T_r}$ (K)	$\frac{F_{T_b}}{F_{T_r}}$
0.08	7.	0.207	4639	7434	297.5	-3.8	0.99
0.08	7.	0.207	4684	7364	297.5	-3.8	0.99
0.08	7.	0.207	4728	7259	297.5	-3.9	0.99
0.08	7.	0.207	4771	7155	297.6	-3.9	0.99
0.08	7.	0.207	4813	7463	297.6	-4.0	0.99
0.08	7.	0.207	4857	7199	297.6	-4.0	0.99
0.08	7.	0.207	4900	7548	297.7	-4.0	0.99
0.08	7.	0.207	4943	7284	297.7	-4.0	0.99
0.08	7.	0.207	4987	7368	297.7	-4.1	0.99
0.08	7.	0.207	5029	7447	297.8	-4.1	0.99
0.08	7.	0.207	5075	7297	297.8	-4.1	0.99
0.08	7.	0.207	5122	7116	297.8	-4.2	0.99
0.08	7.	0.207	5163	7618	297.8	-4.2	0.99
0.27	23.	0.177	5325	7362	297.9	-4.2	0.99
0.27	23.	0.177	5366	7248	297.9	-4.3	0.99
0.27	23.	0.177	5412	7248	297.9	-4.3	0.99
0.27	23.	0.177	5459	7285	297.9	-4.3	0.99
0.27	23.	0.177	5511	7365	298.0	-4.3	0.99
0.27	23.	0.177	5554	7522	298.0	-4.3	0.99
0.27	23.	0.177	5600	7564	298.0	-4.3	0.99
0.27	23.	0.177	5642	7486	298.0	-4.3	0.99
0.27	23.	0.177	5685	7219	298.0	-4.3	0.99
0.27	23.	0.177	5726	7566	298.0	-4.3	0.99
0.27	23.	0.177	5777	7526	298.0	-4.3	0.99
0.27	23.	0.177	5818	7567	298.0	-4.3	0.99
0.27	23.	0.177	5865	7331	298.0	-4.3	0.99
0.56	48.	0.180	7893	7458	297.4	-3.7	0.99
0.56	48.	0.180	7942	7661	297.3	-3.6	0.99
0.56	48.	0.180	7988	7298	297.3	-3.6	0.99
0.56	48.	0.180	8031	7489	297.3	-3.6	0.99
0.56	48.	0.180	8072	7564	297.3	-3.6	0.99
0.56	48.	0.180	8115	7101	297.2	-3.6	0.99
0.56	48.	0.180	8159	7359	297.2	-3.5	0.99
0.56	48.	0.180	8202	7166	297.2	-3.5	0.99
0.56	48.	0.180	8245	7311	297.2	-3.5	0.99
0.56	48.	0.180	8296	7469	297.1	-3.5	0.99
0.56	48.	0.180	8341	7309	297.1	-3.5	0.99
0.56	48.	0.180	8392	7264	297.1	-3.4	0.99
0.56	48.	0.180	8449	7455	297.1	-3.4	0.99
0.86	73.	0.209	11766	7187	295.4	-1.8	1.00
0.86	73.	0.209	11806	7144	295.4	-1.7	1.00
0.86	73.	0.209	11848	7255	295.4	-1.7	1.00
0.86	73.	0.209	11894	7252	295.4	-1.7	1.00
0.86	73.	0.209	11937	6842	295.3	-1.7	1.00
0.86	73.	0.209	11984	7015	295.3	-1.6	1.00
0.86	73.	0.209	12032	6976	295.3	-1.6	1.00
0.86	73.	0.209	12082	7198	295.3	-1.6	1.00
0.86	73.	0.209	12124	7238	295.3	-1.6	1.00
0.86	73.	0.209	12168	7153	295.2	-1.6	1.00
0.86	73.	0.209	12208	6891	295.2	-1.6	1.00
0.86	73.	0.209	12252	7033	295.2	-1.5	1.00
0.86	73.	0.209	12298	7030	295.2	-1.5	1.00
1.08	92.	0.203	12461	6981	295.1	-1.4	1.00
1.08	92.	0.203	12506	6870	295.1	-1.4	1.00
1.08	92.	0.203	12550	7163	295.1	-1.4	1.00
1.08	92.	0.203	12595	6797	295.0	-1.4	1.00
1.08	92.	0.203	12637	6971	295.0	-1.4	1.00
1.08	92.	0.203	12686	6654	295.0	-1.3	1.00
1.08	92.	0.203	12730	6928	295.0	-1.3	1.00
1.08	92.	0.203	12773	6852	294.9	-1.3	1.00
1.08	92.	0.203	12819	6883	294.9	-1.3	1.00
1.08	92.	0.203	12861	6989	294.9	-1.2	1.00
1.08	92.	0.203	12903	6809	294.9	-1.2	1.00
1.08	92.	0.203	12952	6945	294.9	-1.2	1.00
1.08	92.	0.203	12994	6942	294.8	-1.2	1.00
1.14	96.	0.208	13180	6967	294.8	-1.1	1.00
1.14	96.	0.208	13223	7115	294.7	-1.1	1.00
1.14	96.	0.208	13267	7189	294.7	-1.1	1.00
1.14	96.	0.208	13309	6850	294.7	-1.0	1.00
1.14	96.	0.208	13352	6744	294.7	-1.0	1.00
1.14	96.	0.208	13394	7062	294.7	-1.0	1.00
1.14	96.	0.208	13439	6987	294.6	-1.0	1.00
1.14	96.	0.208	13482	6980	294.6	-1.0	1.00
1.14	96.	0.208	13526	6872	294.6	-0.9	1.00
1.14	96.	0.208	13569	7090	294.6	-0.9	1.00
1.14	96.	0.208	13615	7125	294.6	-0.9	1.00
1.14	96.	0.208	13668	6933	294.6	-0.9	1.00
1.14	96.	0.208	13780	7118	294.5	-0.9	1.00
1.92	163.	0.204	17643	6787	293.9	-0.2	1.00
1.92	163.	0.204	17687	7049	293.9	-0.2	1.00
1.92	163.	0.204	17730	7056	293.9	-0.3	1.00
1.92	163.	0.204	17772	6981	293.9	-0.3	1.00
1.92	163.	0.204	17813	6841	294.0	-0.3	1.00
1.92	163.	0.204	17853	6917	294.0	-0.3	1.00
1.92	163.	0.204	17900	6885	294.0	-0.3	1.00
1.92	163.	0.204	17940	6676	294.0	-0.4	1.00
1.92	163.	0.204	17982	7001	294.1	-0.4	1.00
1.92	163.	0.204	18024	6967	294.1	-0.4	1.00
1.92	163.	0.204	18067	6824	294.1	-0.4	1.00
1.92	163.	0.204	18109	7048	294.1	-0.4	1.00
1.92	163.	0.204	18154	7011	294.1	-0.5	1.00
4.07	346.	0.070	22676	6728	293.6	0.1	1.00
4.07	346.	0.070	22720	6628	293.7	0.0	1.00
4.07	346.	0.070	22763	6917	293.7	0.0	1.00
4.07	346.	0.070	22806	6568	293.7	0.0	1.00
4.07	346.	0.070	22848	6999	293.7	-0.1	1.00
4.07	346.	0.070	22892	6929	293.7	-0.1	1.00
4.07	346.	0.070	22939	6970	293.8	-0.1	1.00
4.07	346.	0.070	22984	6903	293.8	-0.1	1.00
4.07	346.	0.070	23032	6944	293.8	-0.2	1.00
4.07	346.	0.070	23076	7023	293.9	-0.2	1.00
4.07	346.	0.070	23118	6600	293.9	-0.2	1.00
4.07	346.	0.070	23160	6916	293.9	-0.3	1.00
4.07	346.	0.070	23203	6923	293.9	-0.3	1.00
2.63	224.	0.111	26115	7046	293.8	-0.1	1.00
2.63	224.	0.111	26160	6857	293.8	-0.1	1.00
2.63	224.	0.111	26208	6818	293.7	-0.1	1.00
2.63	224.	0.111	26261	6604	293.7	-0.1	1.00
2.63	224.	0.111	26305	6706	293.7	-0.1	1.00
2.63	224.	0.111	26354	6918	293.7	-0.1	1.00
2.63	224.	0.111	26399	6843	293.7	0.0	1.00
2.63	224.	0.111	26442	6914	293.7	0.0	1.00
2.63	224.	0.111	26511	7020	293.6	0.0	1.00
2.63	224.	0.111	26555	6986	293.6	0.0	1.00
2.63	224.	0.111	26600	6831	293.6	0.0	1.00
2.63	224.	0.111	26644	6939	293.6	0.1	1.00
2.63	224.	0.111	26688	7017	293.6	0.1	1.00
1.41	119.	0.220	26865	6740	293.6	0.1	1.00
1.41	119.	0.220	26911	6846	293.5	0.1	1.00
1.41	119.	0.220	26961	7030	293.5	0.1	1.00
1.41	119.	0.220	27007	6911	293.5	0.2	1.00
1.41	119.	0.220	27054	6951	293.5	0.2	1.00
1.41	119.	0.220	27097	6944	293.5	0.2	1.00
1.41	119.	0.220	27146	6766	293.5	0.2	1.00
1.41	119.	0.220	27192	6725	293.5	0.2	1.00
1.41	119.	0.220	27237	7063	293.5	0.2	1.00
1.41	119.	0.220	27289	6623	293.5	0.2	1.00
1.41	119.	0.220	27333	6836	293.5	0.2	1.00
1.41	119.	0.220	27379	6691	293.5	0.2	1.00
1.41	119.	0.220	27435	6730	293.5	0.2	1.00
0.94	79.	0.216	88904	6650	294.1	-0.4	1.00
0.94	79.	0.216	88947	6578	294.1	-0.4	1.00
0.94	79.	0.216	88989	6324	294.1	-0.4	1.00
0.94	79.	0.216	89031	6677	294.1	-0.4	1.00
0.94	79.	0.216	89073	6645	294.1	-0.4	1.00
0.94	79.	0.216	89116	6481	294.0	-0.4	1.00
0.94	79.	0.216	89164	6412	294.0	-0.4	1.00
0.94	79.	0.216	89205	6605	294.0	-0.4	1.00
0.94	79.	0.216	89246	6741	294.0	-0.3	1.00
0.94	79.	0.216	89289	6473	294.0	-0.4	1.00
0.94	79.	0.216	89333	6502	294.0	-0.3	1.00
0.94	79.	0.216	89385	6536	294.0	-0.3	1.00
0.94	79.	0.216	89435	6468	294.0	-0.3	1.00
1.07	91.	0.220	93246	6237	294.1	-0.4	1.00
1.07	91.	0.220	93287	6716	294.1	-0.4	1.00
1.07	91.	0.220	93328	6648	294.1	-0.4	1.00
1.07	91.	0.220	93369	6614	294.1	-0.4	1.00
1.07	91.	0.220	93409	6614	294.1	-0.4	1.00
1.07	91.	0.220	93456	6783	294.1	-0.4	1.00
1.07	91.	0.220	93500	6680	294.1	-0.4	1.00
1.07	91.	0.220	93543	6416	294.1	-0.4	1.00
1.07	91.	0.220	93588	6892	294.1	-0.4	1.00
1.07	91.	0.220	93629	6477	294.0	-0.4	1.00

Table H.2.6 Tap water flushing after Re = 4600 contamination tests at $x_b = 0.2$ % (file:flsh45c1.tb2)

l_c (μm)	Γ (kg/m²) X10⁵	x_b (%)	Exposure Time (s)	$\bar{T}_{Tr}$ (K)	$\bar{T} - T_{Tr}$ (K)	F_{Tb}/F_{Tr}
6.62	560.	0.077	2413.	300.1	-6.5	0.99
6.62	560.	0.077	2467.	299.9	-6.4	0.99
6.62	560.	0.077	2522.	299.9	-6.3	0.99
6.62	560.	0.077	2574.	299.9	-6.3	0.99
6.62	560.	0.077	2634.	299.8	-6.3	0.99
6.62	560.	0.077	2686.	299.8	-6.2	0.99
6.62	560.	0.077	2744.	299.7	-6.2	0.99
6.62	560.	0.077	2796.	299.7	-6.1	0.99
6.62	560.	0.077	2849.	299.6	-6.0	0.99
6.62	560.	0.077	2898.	299.5	-5.9	0.99
6.62	560.	0.077	2953.	299.4	-5.8	0.99
6.62	560.	0.077	3000.	299.3	-5.8	0.99
6.02	509.	0.037	3214.	299.1	-5.5	0.99
6.02	509.	0.037	3271.	299.0	-5.5	0.99
6.02	509.	0.037	3326.	298.9	-5.4	0.99
6.02	509.	0.037	3380.	298.9	-5.3	0.99
6.02	509.	0.037	3430.	298.8	-5.3	0.99
6.02	509.	0.037	3481.	298.8	-5.2	0.99
6.02	509.	0.037	3530.	298.7	-5.2	0.99
6.02	509.	0.037	3581.	298.7	-5.1	0.99
6.02	509.	0.037	3631.	298.6	-5.1	0.99
6.02	509.	0.037	3684.	298.6	-5.0	0.99
4.89	416.	0.040	25131.	292.7	0.8	1.00
4.89	416.	0.040	25189.	292.7	0.8	1.00
4.89	416.	0.040	25244.	292.7	0.8	1.00
4.89	416.	0.040	25297.	292.7	0.8	1.00
4.89	416.	0.040	25351.	292.8	0.8	1.00
4.89	416.	0.040	25403.	292.8	0.8	1.00
4.89	416.	0.040	25455.	292.8	0.8	1.00
4.89	416.	0.040	25506.	292.8	0.8	1.00
4.89	416.	0.040	25557.	292.8	0.8	1.00
4.88	415.	0.047	25789.	292.8	0.7	1.00
4.88	415.	0.047	25844.	292.8	0.7	1.00
4.88	415.	0.047	25894.	292.9	0.7	1.00
4.88	415.	0.047	25951.	292.9	0.7	1.00
4.88	415.	0.047	26010.	292.9	0.7	1.00
4.88	415.	0.047	26058.	292.9	0.7	1.00
4.88	415.	0.047	26106.	292.9	0.7	1.00
3.29	280.	0.009	83821.	293.9	-0.3	1.00
3.29	280.	0.009	84083.	293.9	-0.4	1.00
3.29	280.	0.009	84145.	293.9	-0.4	1.00
3.29	280.	0.009	84204.	293.9	-0.4	1.00
3.29	280.	0.009	84256.	293.9	-0.4	1.00
3.29	280.	0.009	84311.	293.9	-0.4	1.00
3.29	280.	0.009	84369.	293.9	-0.4	1.00
3.29	280.	0.009	84456.	293.9	-0.4	1.00
3.29	280.	0.009	84513.	293.9	-0.3	1.00
3.29	280.	0.009	84590.	293.9	-0.4	1.00
3.29	280.	0.009	84641.	293.9	-0.4	1.00
3.29	280.	0.009	84697.	293.9	-0.4	1.00
3.29	280.	0.009	84755.	293.9	-0.4	1.00
3.27	278.	0.022	85420.	294.0	-0.5	1.00
3.27	278.	0.022	85482.	294.0	-0.5	1.00
3.27	278.	0.022	85542.	294.0	-0.5	1.00
3.27	278.	0.022	85595.	294.0	-0.5	1.00
3.27	278.	0.022	85648.	294.0	-0.5	1.00
3.27	278.	0.022	85697.	294.0	-0.5	1.00
3.27	278.	0.022	85750.	294.1	-0.5	1.00
3.27	278.	0.022	85808.	294.0	-0.5	1.00
3.27	278.	0.022	85861.	294.1	-0.5	1.00
3.27	278.	0.022	85913.	294.0	-0.5	1.00
3.27	278.	0.022	85962.	294.0	-0.5	1.00
3.27	278.	0.022	86023.	294.1	-0.5	1.00
3.27	278.	0.022	86073.	294.1	-0.5	1.00
2.46	209.	0.012	111672.	294.0	-0.5	1.00
2.46	209.	0.012	111735.	294.0	-0.5	1.00
2.46	209.	0.012	111793.	294.0	-0.5	1.00
2.46	209.	0.012	111862.	294.0	-0.5	1.00
2.46	209.	0.012	111923.	294.0	-0.5	1.00
2.46	209.	0.012	111976.	294.0	-0.5	1.00
2.46	209.	0.012	112026.	294.0	-0.5	1.00
2.46	209.	0.012	112079.	294.0	-0.5	1.00
2.46	209.	0.012	112131.	294.0	-0.5	1.00
2.46	209.	0.012	112178.	294.0	-0.5	1.00
2.46	209.	0.012	112226.	294.0	-0.5	1.00
2.46	209.	0.012	112269.	294.0	-0.5	1.00
2.46	209.	0.012	112318.	294.0	-0.5	1.00
2.50	212.	0.020	112462.	294.0	-0.5	1.00
2.50	212.	0.020	112513.	294.0	-0.5	1.00
2.50	212.	0.020	112562.	294.0	-0.5	1.00
2.50	212.	0.020	112607.	294.0	-0.5	1.00
2.50	212.	0.020	112651.	294.0	-0.5	1.00
1.94	165.	0.014	169806.	295.0	-1.4	1.00
1.94	165.	0.014	169865.	295.0	-1.4	1.00
1.94	165.	0.014	169922.	295.0	-1.4	1.00
1.94	165.	0.014	169977.	294.9	-1.4	1.00
1.94	165.	0.014	170036.	295.0	-1.4	1.00
1.94	165.	0.014	170093.	294.9	-1.4	1.00
1.94	165.	0.014	170147.	295.0	-1.4	1.00
1.94	165.	0.014	170205.	294.9	-1.4	1.00
1.94	165.	0.014	170261.	295.0	-1.4	1.00
1.94	165.	0.014	170312.	294.9	-1.4	1.00
1.94	165.	0.014	170367.	295.0	-1.4	1.00
1.94	165.	0.014	170416.	294.9	-1.4	1.00
1.94	165.	0.014	170470.	294.9	-1.4	1.00
2.13	181.	0.012	170928.	294.9	-1.4	1.00
2.13	181.	0.012	170986.	294.9	-1.4	1.00
2.13	181.	0.012	171035.	294.9	-1.4	1.00
2.13	181.	0.012	171087.	294.9	-1.4	1.00
2.13	181.	0.012	171142.	294.9	-1.4	1.00
2.13	181.	0.012	171194.	294.9	-1.4	1.00
2.13	181.	0.012	171235.	294.9	-1.4	1.00
2.13	181.	0.012	171288.	294.9	-1.4	1.00
2.13	181.	0.012	171334.	294.9	-1.3	1.00
2.13	181.	0.012	171389.	294.9	-1.3	1.00
2.13	181.	0.012	171429.	294.9	-1.3	1.00
2.13	181.	0.012	171476.	294.9	-1.3	1.00
2.13	181.	0.012	171520.	294.9	-1.3	1.00
1.57	134.	0.027	197155.	294.2	-0.7	1.00
1.57	134.	0.027	197198.	294.2	-0.7	1.00
1.57	134.	0.027	197247.	294.3	-0.7	1.00
1.57	134.	0.027	197290.	294.3	-0.7	1.00
1.57	134.	0.027	197343.	294.3	-0.8	1.00
1.58	134.	0.004	197498.	294.4	-0.8	1.00
1.58	134.	0.004	197541.	294.4	-0.8	1.00
1.58	134.	0.004	197581.	294.4	-0.8	1.00

Table H.2.7 Diesel contamination on oxidized copper surface for Re = 0 and x_b = 0.3 %
(file:trv0con2.tb2)

l_e (μm)	Γ (kg/m^2) ×10^5	x_b (%)	Exposure Time (s)	Re	$\overline{T}_{Tr}$ (K)	$T - T_{Tr}$ (K)	F_{T_b}/F_{T_r}
0.61	52, 0.339	2476, 0.			295.4	-.7	1.00
0.61	52, 0.339	2532, 0.			295.4	-.7	1.00
0.61	52, 0.339	2592, 0.			295.4	-.7	1.00
0.61	52, 0.339	2647, 0.			295.3	-.6	1.00
0.61	52, 0.339	2702, 0.			295.3	-.6	1.00
0.61	52, 0.339	2768, 0.			295.3	-.6	1.00
0.61	52, 0.339	2828, 0.			295.3	-.6	1.00
0.61	52, 0.339	2880, 0.			295.3	-.6	1.00
0.61	52, 0.339	2939, 0.			295.3	-.6	1.00
0.61	52, 0.339	3000, 0.			295.3	-.6	1.00
0.61	52, 0.339	3056, 0.			295.3	-.6	1.00
0.61	52, 0.339	3118, 0.			295.3	-.6	1.00
0.61	52, 0.339	3178, 0.			295.2	-.6	1.00
1.78	151, 0.300		406841, 0.		294.6	-0.9	1.00
1.78	151, 0.300		406899, 0.		294.6	-0.9	1.00
1.78	151, 0.300		406954, 0.		294.6	-0.9	1.00
1.78	151, 0.300		407010, 0.		294.6	-0.9	1.00
1.78	151, 0.300		407065, 0.		294.6	-0.9	1.00
1.78	151, 0.300		407122, 0.		294.6	-0.9	1.00
1.78	151, 0.300		407178, 0.		294.6	-0.9	1.00
1.78	151, 0.300		407234, 0.		294.6	-0.9	1.00
1.78	151, 0.300		407289, 0.		294.6	-0.9	1.00
1.78	151, 0.300		407354, 0.		294.6	-0.9	1.00
1.78	151, 0.300		407410, 0.		294.6	-0.9	1.00
1.78	151, 0.300		407466, 0.		294.6	-0.9	1.00
1.78	151, 0.300		407521, 0.		294.6	-0.9	1.00
2.67	226, 0.283		410253, 0.		294.7	-1.0	1.00
2.67	226, 0.283		410306, 0.		294.7	-1.0	1.00
2.67	226, 0.283		410359, 0.		294.7	-1.0	1.00
2.67	226, 0.283		410412, 0.		294.7	-1.0	1.00
2.67	226, 0.283		410468, 0.		294.7	-1.0	1.00
2.67	226, 0.283		410522, 0.		294.7	-1.0	1.00
2.67	226, 0.283		410577, 0.		294.7	-1.0	1.00
2.67	226, 0.283		410632, 0.		294.7	-1.0	1.00
2.67	226, 0.283		410685, 0.		294.7	-1.0	1.00
2.67	226, 0.283		410739, 0.		294.7	-1.0	1.00
2.67	226, 0.283		410798, 0.		294.7	-1.0	1.00
2.67	226, 0.283		410853, 0.		294.7	-1.0	1.00
2.67	226, 0.283		410915, 0.		294.7	-1.0	1.00
3.17	269, 0.280		414268, 0.		294.9	-1.1	1.00
3.17	269, 0.280		414324, 0.		294.8	-1.1	1.00
3.17	269, 0.280		414380, 0.		294.8	-1.1	1.00
3.17	269, 0.280		414435, 0.		294.8	-1.1	1.00
3.17	269, 0.280		414494, 0.		294.8	-1.1	1.00
3.17	269, 0.280		414545, 0.		294.8	-1.1	1.00
3.17	269, 0.280		414605, 0.		294.8	-1.1	1.00
3.17	269, 0.280		414662, 0.		294.8	-1.1	1.00
3.17	269, 0.280		414717, 0.		294.8	-1.1	1.00
3.17	269, 0.280		414775, 0.		294.8	-1.1	1.00
3.17	269, 0.280		414834, 0.		294.8	-1.1	1.00
3.17	269, 0.280		414889, 0.		294.8	-1.1	1.00
3.17	269, 0.280		411947, 0.		294.8	-1.1	1.00
3.86	327, 0.272		418388, 0.		294.9	-1.2	1.00
3.86	327, 0.272		418457, 0.		294.9	-1.2	1.00
3.86	327, 0.272		418510, 0.		294.9	-1.2	1.00
3.86	327, 0.272		418565, 0.		294.9	-1.2	1.00
3.86	327, 0.272		418620, 0.		294.9	-1.2	1.00
3.86	327, 0.272		418674, 0.		294.9	-1.2	1.00
3.86	327, 0.272		418730, 0.		294.9	-1.2	1.00
3.86	327, 0.272		418783, 0.		294.9	-1.2	1.00
3.86	327, 0.272		418838, 0.		294.9	-1.2	1.00
3.86	327, 0.272		418892, 0.		294.9	-1.2	1.00
3.86	327, 0.272		418945, 0.		294.9	-1.2	1.00
3.86	327, 0.272		419001, 0.		294.9	-1.2	1.00
3.86	327, 0.272		419056, 0.		294.9	-1.2	1.00
4.30	364, 0.259		421712, 0.		294.9	-1.2	1.00
4.30	364, 0.259		421767, 0.		294.9	-1.2	1.00
4.30	364, 0.259		421821, 0.		294.9	-1.2	1.00
4.30	364, 0.259		421888, 0.		294.9	-1.2	1.00
4.30	364, 0.259		421940, 0.		294.9	-1.2	1.00
4.30	364, 0.259		421991, 0.		294.9	-1.2	1.00
4.30	364, 0.259		422044, 0.		294.9	-1.2	1.00
4.30	364, 0.259		422101, 0.		294.9	-1.2	1.00
4.30	364, 0.259		422155, 0.		294.9	-1.2	1.00
4.30	364, 0.259		422206, 0.		294.9	-1.2	1.00
4.30	364, 0.259		422261, 0.		294.9	-1.2	1.00
4.30	364, 0.259		422317, 0.		294.9	-1.2	1.00
4.30	364, 0.259		422372, 0.		294.9	-1.2	1.00
4.45	377, 0.263		425568, 0.		294.9	-1.1	1.00
4.45	377, 0.263		425621, 0.		294.9	-1.2	1.00
4.45	377, 0.263		425677, 0.		294.9	-1.2	1.00
4.45	377, 0.263		425735, 0.		294.9	-1.1	1.00
4.45	377, 0.263		425790, 0.		294.9	-1.2	1.00
4.45	377, 0.263		425843, 0.		294.9	-1.2	1.00
4.45	377, 0.263		425899, 0.		294.9	-1.1	1.00
4.45	377, 0.263		425954, 0.		294.9	-1.1	1.00
4.45	377, 0.263		426011, 0.		294.9	-1.1	1.00
4.45	377, 0.263		426070, 0.		294.9	-1.2	1.00
4.45	377, 0.263		426126, 0.		294.9	-1.2	1.00
4.45	377, 0.263		426179, 0.		294.9	-1.2	1.00
4.45	377, 0.263		426237, 0.		294.9	-1.2	1.00
3.77	319, 0.290		429254, 0.		294.8	-1.1	1.00
3.77	319, 0.290		429314, 0.		294.8	-1.1	1.00
3.77	319, 0.290		429368, 0.		294.8	-1.1	1.00
3.77	319, 0.290		429432, 0.		294.8	-1.1	1.00
3.77	319, 0.290		429509, 0.		294.8	-1.1	1.00
3.77	319, 0.290		429571, 0.		294.8	-1.1	1.00
3.77	319, 0.290		429625, 0.		294.8	-1.1	1.00
3.77	319, 0.290		429684, 0.		294.8	-1.1	1.00
3.77	319, 0.290		429735, 0.		294.8	-1.1	1.00
3.77	319, 0.290		429789, 0.		294.8	-1.1	1.00
3.77	319, 0.290		429844, 0.		294.8	-1.1	1.00
3.77	319, 0.290		429900, 0.		294.8	-1.1	1.00
3.77	319, 0.290		429954, 0.		294.8	-1.1	1.00
3.72	316, 0.267		432844, 0.		294.8	-1.1	1.00
3.72	316, 0.267		432904, 0.		294.7	-1.0	1.00
3.72	316, 0.267		432958, 0.		294.8	-1.1	1.00
3.72	316, 0.267		433013, 0.		294.7	-1.1	1.00
3.72	316, 0.267		433077, 0.		294.7	-1.1	1.00
3.72	316, 0.267		433130, 0.		294.7	-1.1	1.00
3.72	316, 0.267		433190, 0.		294.7	-1.0	1.00
3.72	316, 0.267		433242, 0.		294.7	-1.1	1.00
3.72	316, 0.267		433301, 0.		294.7	-1.1	1.00
3.72	316, 0.267		433361, 0.		294.7	-1.0	1.00
3.72	316, 0.267		433416, 0.		294.7	-1.1	1.00
3.72	316, 0.267		433472, 0.		294.7	-1.0	1.00
3.72	316, 0.267		433527, 0.		294.7	-1.0	1.00
3.41	289, 0.275		494999, 0.		294.5	-0.8	1.00
3.41	289, 0.275		495055, 0.		294.5	-0.8	1.00
3.41	289, 0.275		495113, 0.		294.5	-0.8	1.00
3.41	289, 0.275		495188, 0.		294.5	-0.8	1.00
3.41	289, 0.275		495257, 0.		294.5	-0.8	1.00
3.41	289, 0.275		495315, 0.		294.5	-0.8	1.00
3.41	289, 0.275		495369, 0.		294.5	-0.8	1.00
3.41	289, 0.275		495611, 0.		294.5	-0.8	1.00
3.41	289, 0.275		495673, 0.		294.5	-0.8	1.00
3.41	289, 0.275		495728, 0.		294.5	-0.8	1.00
3.41	289, 0.275		495786, 0.		294.5	-0.8	1.00
3.41	289, 0.275		495839, 0.		294.5	-0.8	1.00
3.41	289, 0.275		495902, 0.		294.5	-0.8	1.00
4.23	358, 0.267		498198, 0.		294.6	-0.9	1.00
4.23	358, 0.267		498282, 0.		294.6	-0.9	1.00
4.23	358, 0.267		498336, 0.		294.6	-0.9	1.00
4.23	358, 0.267		498412, 0.		294.6	-0.9	1.00
4.23	358, 0.267		498495, 0.		294.6	-0.9	1.00
4.23	358, 0.267		498579, 0.		294.6	-0.9	1.00
4.23	358, 0.267		498644, 0.		294.6	-0.9	1.00
4.23	358, 0.267		498708, 0.		294.6	-0.9	1.00
4.23	358, 0.267		498768, 0.		294.6	-0.9	1.00
4.23	358, 0.267		498826, 0.		294.6	-0.9	1.00
4.23	358, 0.267		498883, 0.		294.6	-0.9	1.00
4.23	358, 0.267		498955, 0.		294.6	-0.9	1.00
4.23	358, 0.267		499011, 0.		294.6	-0.9	1.00
5.72	485, 0.285		506417, 0.		294.6	-0.9	1.00
5.72	485, 0.285		506473, 0.		294.6	-0.9	1.00
5.72	485, 0.285		506525, 0.		294.6	-0.9	1.00
5.72	485, 0.285		506579, 0.		294.6	-0.9	1.00
5.72	485, 0.285		506636, 0.		294.6	-0.9	1.00
5.72	485, 0.285		506692, 0.		294.6	-0.9	1.00
5.72	485, 0.285		506755, 0.		294.6	-0.9	1.00
5.72	485, 0.285		506811, 0.		294.6	-0.9	1.00
5.72	485, 0.285		506866, 0.		294.6	-0.9	1.00
5.72	485, 0.285		506921, 0.		294.6	-0.9	1.00
5.72	485, 0.285		506977, 0.		294.6	-0.9	1.00
5.72	485, 0.285		507031, 0.		294.6	-0.9	1.00
5.72	485, 0.285		507090, 0.		294.6	-0.9	1.00
4.54	384, 0.260	82846, 0.			295.6	0.2	1.00

Table H.2.8 Diesel contamination on oxidized copper surface for Re = 2000 and x_b = 0.3 %
(file:trv15con2.tb2)

l_e (μm)	Γ (kg/m²) X10⁵	x_b (%)	Exposure Time (s)	Re	$\overline{T}_{T_r}$ (K)	$T_T - \overline{T}_{T_r}$ (K)	$\dfrac{F_{T_b}}{F_{T_r}}$
-0.77	-65	0.335	613	1909	1875	294.5	-0.8	1.00
-0.77	-65	0.335	749	1961	1873	294.5	-0.8	1.00
-0.77	-65	0.335	792	1984	1875	294.5	-0.8	1.00
-0.77	-65	0.335	837	1903	1875	294.5	-0.8	1.00
-0.77	-65	0.335	881	1914	1875	294.5	-0.8	1.00
-0.77	-65	0.335	922	1982	1875	294.5	-0.8	1.00
-0.77	-65	0.335	966	2003	1875	294.5	-0.8	1.00
-0.77	-65	0.335	1008	1967	1875	294.5	-0.8	1.00
-0.77	-65	0.335	1054	1934	1875	294.4	-0.8	1.00
-0.77	-65	0.335	1097	1983	1875	294.4	-0.8	1.00
-0.77	-65	0.335	1138	1865	1875	294.4	-0.8	1.00
-0.77	-65	0.335	1181	2000	1875	294.4	-0.7	1.00
-0.77	-65	0.335	1226	1945	1875	294.4	-0.7	1.00
-0.07	-6	0.310	1374	1958	1875	294.4	-0.6	1.00
-0.07	-6	0.310	1422	1888	1875	294.3	-0.7	1.00
-0.07	-6	0.310	1468	1975	1875	294.3	-0.6	1.00
-0.07	-6	0.310	1513	1982	1875	294.3	-0.6	1.00
-0.07	-6	0.310	1557	1877	1875	294.3	-0.6	1.00
-0.07	-6	0.310	1606	1898	1875	294.3	-0.6	1.00
-0.07	-6	0.310	1652	1965	1875	294.2	-0.6	1.00
-0.07	-6	0.310	1694	1954	1875	294.2	-0.5	1.00
-0.07	-6	0.310	1739	1911	1875	294.2	-0.5	1.00
-0.07	-6	0.310	1786	1914	1875	294.1	-0.5	1.00
-0.07	-6	0.310	1831	1836	1875	294.1	-0.5	1.00
-0.07	-6	0.310	1875	1953	1875	294.1	-0.4	1.00
-0.07	-6	0.310	1919	1861	1875	294.1	-0.4	1.00
9.14	772	0.673	5348	1811	1875	293.2	0.4	1.00
9.14	772	0.673	5391	1811	1875	293.2	0.4	1.00
9.14	772	0.673	5440	1850	1875	293.3	0.4	1.00
9.14	772	0.673	5485	1723	1875	293.3	0.4	1.00
9.14	772	0.673	5528	1796	1875	293.3	0.4	1.00
9.14	772	0.673	5573	1702	1875	293.3	0.4	1.00
9.14	772	0.673	5620	1788	1875	293.3	0.3	1.00
9.14	772	0.673	5667	1817	1875	293.3	0.3	1.00
9.14	771	0.673	5712	1749	1875	293.4	0.3	1.00
9.14	771	0.673	5756	1713	1875	293.4	0.3	1.00
9.14	771	0.673	5804	1748	1875	293.4	0.3	1.00
9.14	771	0.673	5855	1784	1875	293.4	0.2	1.00
9.14	771	0.673	5910	1691	1875	293.4	0.2	1.00
15.37	1298	0.588	11545	1871	1875	293.7	0.0	1.00
15.37	1298	0.588	11590	1866	1875	293.7	0.0	1.00
15.37	1298	0.588	11635	1864	1875	293.7	-0.1	1.00
15.37	1298	0.588	11678	1848	1875	293.7	-0.1	1.00
15.37	1298	0.588	11723	1866	1875	293.8	-0.1	1.00
15.37	1298	0.588	11769	1875	1875	293.8	-0.1	1.00
15.37	1298	0.588	11820	1897	1875	293.8	-0.1	1.00
15.37	1298	0.588	11885	1873	1875	293.8	-0.2	1.00
15.37	1298	0.588	11937	1911	1875	293.8	-0.2	1.00
15.37	1298	0.588	11982	1881	1875	293.9	-0.2	1.00
15.37	1298	0.588	12028	1803	1875	293.9	-0.2	1.00
15.37	1298	0.588	12073	1789	1875	293.9	-0.2	1.00
15.37	1298	0.588	12118	1852	1875	293.9	-0.2	1.00
13.56	1149	0.323	12289	1875	1875	293.9	-0.3	1.00
13.56	1149	0.323	12336	1804	1875	293.9	-0.3	1.00
13.56	1149	0.323	12382	1873	1875	293.9	-0.3	1.00
13.56	1149	0.323	12433	1873	1875	293.9	-0.3	1.00
13.56	1149	0.323	12476	1827	1875	293.9	-0.3	1.00
13.56	1149	0.323	12523	1887	1875	293.9	-0.3	1.00
13.56	1149	0.323	12570	1829	1875	293.9	-0.3	1.00
13.56	1149	0.323	12616	1889	1875	293.9	-0.3	1.00
13.56	1149	0.323	12664	1803	1875	293.9	-0.3	1.00
13.56	1149	0.323	12711	1816	1875	293.9	-0.3	1.00
13.56	1149	0.323	12755	1897	1875	293.9	-0.3	1.00
13.56	1149	0.323	12803	1839	1875	293.9	-0.3	1.00
13.56	1149	0.323	12851	1820	1875	293.9	-0.2	1.00
12.76	1081	0.359	13002	1819	1875	293.9	-0.2	1.00
12.76	1081	0.359	13051	1896	1875	293.8	-0.2	1.00
12.76	1081	0.359	13104	1907	1875	293.8	-0.2	1.00
12.76	1081	0.359	13151	1801	1875	293.8	-0.2	1.00
12.76	1081	0.359	13210	1897	1875	293.8	-0.1	1.00
12.76	1081	0.359	13262	1865	1875	293.8	-0.1	1.00
12.76	1081	0.359	13308	1888	1875	293.8	-0.1	1.00
12.76	1081	0.359	13363	1824	1875	293.7	-0.1	1.00
12.76	1081	0.359	13408	1797	1875	293.7	-0.1	1.00
12.76	1081	0.359	13451	1797	1875	293.7	0.0	1.00
12.76	1081	0.359	13494	1874	1875	293.7	0.0	1.00
12.76	1081	0.359	13537	1817	1875	293.7	0.0	1.00
12.76	1081	0.359	13588	1846	1875	293.6	0.0	1.00
18.36	1558	0.216	73355	1865	1875	293.7	-0.1	1.00
18.36	1558	0.216	73397	1847	1875	293.8	-0.1	1.00
18.36	1558	0.216	73442	1836	1875	293.8	-0.1	1.00
18.36	1558	0.216	73485	1884	1875	293.8	-0.1	1.00
18.36	1558	0.216	73528	1809	1875	293.8	-0.2	1.00
18.36	1558	0.216	73573	1894	1875	293.8	-0.2	1.00
18.36	1558	0.216	73619	1850	1875	293.9	-0.2	1.00
18.36	1558	0.216	73662	1842	1875	293.9	-0.2	1.00
18.36	1558	0.216	73704	1782	1875	293.9	-0.2	1.00
18.36	1558	0.216	73747	1872	1875	293.9	-0.2	1.00
18.36	1558	0.216	73794	1893	1875	293.9	-0.3	1.00
18.36	1558	0.216	73842	1875	1875	293.9	-0.3	1.00
18.36	1558	0.216	73894	1880	1875	293.9	-0.3	1.00
18.48	1569	0.189	77085	1886	1875	293.3	0.4	1.00
18.48	1569	0.189	77131	1847	1875	293.3	0.4	1.00
18.48	1569	0.189	77174	1780	1875	293.3	0.4	1.00
18.48	1569	0.189	77217	1834	1875	293.3	0.4	1.00
18.48	1569	0.189	77258	1780	1875	293.3	0.4	1.00
18.48	1569	0.189	77301	1861	1875	293.3	0.4	1.00
18.48	1569	0.189	77344	1837	1875	293.3	0.4	1.00
18.48	1569	0.189	77387	1782	1875	293.3	0.3	1.00
18.48	1569	0.189	77431	1806	1875	293.3	0.3	1.00
18.48	1569	0.189	77476	1857	1875	293.3	0.3	1.00
18.48	1569	0.189	77518	1849	1875	293.4	0.3	1.00
18.48	1569	0.189	77562	1857	1875	293.4	0.3	1.00
18.48	1569	0.189	77605	1842	1875	293.4	0.3	1.00
18.26	1550	0.173	80433	1841	1875	293.6	0.0	1.00
18.26	1550	0.173	80475	1812	1875	293.6	0.1	1.00
18.26	1550	0.173	80517	1889	1875	293.6	0.1	1.00
18.26	1550	0.173	80561	1817	1875	293.6	0.1	1.00
18.26	1550	0.173	80603	1885	1875	293.6	0.1	1.00
18.26	1550	0.173	80650	1878	1875	293.5	0.1	1.00
18.26	1550	0.173	80695	1864	1875	293.5	0.1	1.00
18.26	1550	0.173	80743	1861	1875	293.5	0.2	1.00
18.26	1550	0.173	80788	1826	1875	293.4	0.2	1.00
18.26	1550	0.173	80833	1834	1875	293.4	0.3	1.00
18.26	1550	0.173	80883	1825	1875	293.4	0.3	1.00
18.26	1550	0.173	80928	1818	1875	293.4	0.3	1.00
18.26	1550	0.173	80973	1819	1875	293.4	0.3	1.00
17.83	1513	0.210	81131	1791	1875	293.3	0.4	1.00
17.83	1513	0.210	81176	1873	1875	293.3	0.4	1.00
17.83	1513	0.210	81219	1884	1875	293.3	0.4	1.00
17.83	1513	0.210	81265	1801	1875	293.3	0.4	1.00
17.83	1513	0.210	81310	1781	1875	293.3	0.4	1.00
17.83	1513	0.210	81354	1794	1875	293.2	0.4	1.00
17.83	1513	0.210	81403	1763	1875	293.2	0.4	1.00
17.83	1513	0.210	81450	1845	1875	293.2	0.4	1.00
17.83	1513	0.210	81494	1825	1875	293.2	0.5	1.00
17.83	1513	0.210	81540	1826	1875	293.2	0.5	1.00
17.83	1513	0.210	81583	1881	1875	293.2	0.5	1.00
17.83	1513	0.210	81629	1819	1875	293.2	0.5	1.00
17.83	1513	0.210	81674	1874	1875	293.2	0.5	1.00
17.97	1509	1.095	84266	1875	1875	293.9	-0.3	1.00
17.97	1509	1.095	84307	1902	1875	293.9	-0.3	1.00
17.97	1509	1.095	84352	1914	1875	293.9	-0.3	1.00
17.97	1509	1.095	84400	1875	1875	293.9	-0.3	1.00
17.97	1509	1.095	84447	1917	1875	294.0	-0.3	1.00
17.97	1509	1.095	84491	1902	1875	293.9	-0.3	1.00
17.97	1509	1.095	84539	1918	1875	293.9	-0.3	1.00
17.97	1509	1.095	84584	1960	1875	293.9	-0.3	1.00
17.97	1509	1.095	84629	1949	1875	293.9	-0.3	1.00
17.97	1509	1.095	84675	1924	1875	293.9	-0.3	1.00
17.97	1509	1.095	84727	1856	1875	293.9	-0.3	1.00
17.97	1509	1.095	84772	1851	1875	293.9	-0.3	1.00
17.97	1509	1.095	84818	1912	1875	293.9	-0.3	1.00
17.00	1440	0.384	91589	1875	1875	293.5	0.2	1.00
17.00	1440	0.384	91636	1874	1875	293.4	0.2	1.00
17.00	1440	0.384	91681	1924	1875	293.4	0.3	1.00
17.00	1440	0.384	91730	1960	1875	293.4	0.3	1.00
17.00	1440	0.384	91781	1960	1875	293.4	0.3	1.00
17.00	1440	0.384	91827	1938	1875	293.4	0.3	1.00
17.00	1440	0.384	91873	1894	1875	293.3	0.3	1.00
17.00	1440	0.384	91918	1858	1875	293.3	0.3	1.00
17.00	1440	0.384	91977	1876	1875	293.3	0.3	1.00
17.00	1440	0.384	92034	1819	1875	293.3	0.4	1.00

Table H.2.9 Diesel contamination on oxidized copper surface for Re = 4000 and x_b = 0.3 % (file:trv3con2.tb2)

l_e (μm)	Γ (kg/m^2) X10^5	x_b (%)	Exposure Time (s)	Re	$\overline{T_{T_r}}$ (K)	$T_f\overline{T} - \overline{T_{T_r}}$ (K)	$\frac{F_{T_b}}{F_{T_r}}$
11.75	995, 0.302	64840.	3944	293.9	-0.2	1.00	
11.75	995, 0.302	64910.	4053	293.9	-0.2	1.00	
11.75	996, 0.302	64953.	4038	293.9	-0.2	1.00	
11.75	996, 0.302	65012.	3912	293.8	-0.2	1.00	
11.75	996, 0.302	65079.	3984	293.8	-0.1	1.00	
11.75	996, 0.302	65125.	3991	293.8	-0.1	1.00	
11.75	996, 0.302	65175.	4016	293.8	-0.1	1.00	
11.75	996, 0.302	65229.	4003	293.8	-0.1	1.00	
11.75	996, 0.302	65299.	4098	293.7	0.0	1.00	
11.75	996, 0.302	65349.	3970	293.7	0.0	1.00	
11.75	996, 0.302	65421.	3941	293.6	0.0	1.00	
11.75	996, 0.302	65505.	4076	293.6	0.1	1.00	
11.75	996, 0.302	65555.	3885	293.5	0.1	1.00	
12.51	1060, 0.283	68691.	3973	294.	-0.3	1.00	
12.51	1060, 0.283	68759.	4069	293.9	-0.2	1.00	
12.51	1060, 0.283	68808.	4134	293.9	-0.2	1.00	
12.51	1060, 0.283	68854.	3967	293.9	-0.2	1.00	
12.51	1060, 0.283	68898.	3847	293.9	-0.2	1.00	
12.51	1060, 0.283	68943.	4078	293.9	-0.2	1.00	
12.51	1060, 0.283	69033.	4011	293.8	-0.2	1.00	
12.51	1060, 0.283	69084.	3924	293.8	-0.1	1.00	
12.51	1060, 0.283	69132.	4020	293.8	-0.1	1.00	
12.51	1060, 0.283	69177.	3967	293.8	-0.1	1.00	
12.51	1060, 0.283	69225.	3815	293.8	-0.1	1.00	
12.51	1060, 0.283	69274.	3976	293.7	-0.1	1.00	
12.51	1060, 0.283	69322.	3948	293.7	0.0	1.00	
13.38	1135, 0.235	72093.	3996	293.9	-0.2	1.00	
13.38	1135, 0.235	72139.	4047	293.9	-0.2	1.00	
13.38	1135, 0.235	72186.	4045	294.0	-0.3	1.00	
13.38	1135, 0.235	72236.	3938	294.0	-0.3	1.00	
13.38	1135, 0.235	72284.	4061	294.0	-0.3	1.00	
13.38	1135, 0.235	72331.	4062	293.9	-0.3	1.00	
13.38	1135, 0.235	72379.	3857	294.0	-0.3	1.00	
13.38	1135, 0.235	72428.	4012	294.0	-0.3	1.00	
13.38	1135, 0.235	72482.	3882	294.0	-0.3	1.00	
13.38	1135, 0.235	72531.	4049	294.0	-0.3	1.00	
13.38	1135, 0.235	72577.	3916	294.0	-0.3	1.00	
13.38	1135, 0.235	72621.	4113	293.9	-0.3	1.00	
13.38	1135, 0.235	72668.	3961	293.9	-0.3	1.00	
13.78	1168, 0.286	76231.	4045	294.0	-0.3	1.00	
13.78	1168, 0.286	76278.	3997	294.0	-0.3	1.00	
13.78	1168, 0.286	76326.	3821	294.0	-0.3	1.00	
13.78	1168, 0.286	76375.	3949	294.0	-0.3	1.00	
13.78	1168, 0.286	76421.	3973	294.0	-0.3	1.00	
13.78	1168, 0.286	76475.	4023	294.0	-0.3	1.00	
13.78	1168, 0.286	76523.	4025	294.0	-0.3	1.00	
13.78	1168, 0.286	76568.	3854	294.0	-0.3	1.00	
13.78	1168, 0.286	76613.	3867	294.0	-0.3	1.00	
13.78	1168, 0.286	76659.	4023	294.0	-0.3	1.00	
13.78	1168, 0.286	76707.	4124	293.9	-0.3	1.00	
13.78	1168, 0.286	76755.	4123	293.9	-0.3	1.00	
13.78	1168, 0.286	76826.	4020	293.9	-0.3	1.00	
14.05	1191, 0.273	79482.	4022	293.5	0.1	1.00	
14.05	1191, 0.273	79525.	3912	293.5	0.1	1.00	
14.05	1191, 0.273	79573.	3937	293.6	0.1	1.00	
14.05	1191, 0.273	79620.	3813	293.6	0.1	1.00	
14.05	1191, 0.273	79661.	3837	293.6	0.1	1.00	
14.05	1191, 0.273	79706.	3803	293.6	0.0	1.00	
14.05	1191, 0.273	79753.	3842	293.7	0.0	1.00	
14.05	1191, 0.273	79848.	3988	293.7	-0.1	1.00	
14.05	1191, 0.273	79914.	3956	293.8	-0.1	1.00	
14.05	1191, 0.273	79965.	3970	293.8	-0.1	1.00	
14.05	1191, 0.273	80013.	3924	293.8	-0.1	1.00	
14.05	1191, 0.273	80063.	3812	293.9	-0.2	1.00	
14.05	1191, 0.273	80110.	3815	293.9	-0.2	1.00	
15.02	1274, 0.199	84094.	3981	293.9	-0.2	1.00	
15.02	1274, 0.199	84157.	4031	293.9	-0.2	1.00	
15.02	1274, 0.199	84212.	3946	293.9	-0.2	1.00	
15.02	1274, 0.199	84261.	4025	293.9	-0.3	1.00	
15.02	1274, 0.199	84310.	3868	293.9	-0.3	1.00	
15.02	1274, 0.199	84356.	3859	293.9	-0.3	1.00	
15.02	1274, 0.199	84404.	3871	294.0	-0.3	1.00	
15.02	1274, 0.199	84450.	4090	294.0	-0.3	1.00	
15.02	1274, 0.199	84493.	3990	294.0	-0.3	1.00	
15.02	1274, 0.199	84538.	4131	294.0	-0.3	1.00	
15.02	1274, 0.199	84588.	4066	294.0	-0.3	1.00	
15.02	1274, 0.199	84634.	3930	294.0	-0.3	1.00	
15.02	1274, 0.199	84678.	4092	294.0	-0.3	1.00	
23.80	2022, 0.145	144804.	4068	293.6	0.1	1.00	
23.80	2022, 0.145	144848.	3958	293.6	0.1	1.00	
23.80	2022, 0.145	144892.	3936	293.6	0.1	1.00	
23.80	2021, 0.145	144934.	3913	293.6	0.1	1.00	
23.80	2021, 0.145	144980.	3893	293.6	0.1	1.00	
23.80	2021, 0.145	145026.	4040	293.7	0.0	1.00	
23.80	2021, 0.145	145072.	3873	293.7	0.0	1.00	
23.80	2021, 0.145	145116.	3899	293.7	-0.1	1.00	
23.80	2021, 0.145	145162.	3984	293.7	-0.1	1.00	
23.80	2021, 0.145	145208.	3915	293.8	-0.1	1.00	
23.80	2021, 0.145	145252.	3804	293.8	-0.1	1.00	
23.80	2021, 0.145	145300.	4055	293.8	-0.1	1.00	
23.80	2021, 0.145	145348.	3982	293.8	-0.2	1.00	
24.33	2067, 0.108	149421.	3743	293.8	-0.2	1.00	
24.33	2067, 0.108	149465.	3915	293.9	-0.2	1.00	
24.33	2067, 0.108	149507.	3941	293.9	-0.2	1.00	
24.33	2067, 0.108	149552.	3906	293.9	-0.2	1.00	
24.33	2067, 0.108	149600.	4028	293.9	-0.2	1.00	
24.33	2067, 0.108	149642.	4015	293.9	-0.3	1.00	
24.33	2067, 0.108	149690.	4015	293.9	-0.3	1.00	
24.33	2067, 0.108	149739.	3829	293.9	-0.3	1.00	
24.33	2067, 0.108	149785.	4008	294.0	-0.3	1.00	
24.33	2067, 0.108	149833.	4020	293.9	-0.3	1.00	
24.33	2067, 0.108	149877.	4055	293.9	-0.3	1.00	
24.33	2067, 0.108	149922.	3810	294.0	-0.3	1.00	
24.33	2067, 0.108	149971.	3786	293.9	-0.3	1.00	
32.28	2726, 0.615	152899.	3913	293.5	0.2	1.00	
32.28	2726, 0.615	152946.	3832	293.5	0.1	1.00	
32.28	2726, 0.615	152989.	3801	293.5	0.1	1.00	
32.28	2726, 0.615	153034.	3930	293.6	0.1	1.00	
32.28	2726, 0.615	153079.	3825	293.6	0.1	1.00	
32.28	2726, 0.615	153127.	3934	293.6	0.1	1.00	
32.28	2726, 0.615	153172.	3877	293.6	0.0	1.00	
32.28	2726, 0.615	153215.	3868	293.6	0.0	1.00	
32.28	2726, 0.615	153260.	3846	293.7	0.0	1.00	
32.28	2726, 0.615	153300.	3780	293.7	0.0	1.00	
32.28	2726, 0.615	153351.	3994	293.7	-0.1	1.00	
32.28	2726, 0.615	153398.	3764	293.8	-0.1	1.00	
32.28	2726, 0.615	153445.	3868	293.8	-0.1	1.00	
25.27	2148, 0.095	159952.	3762	293.3	0.4	1.00	
25.27	2148, 0.095	159997.	3853	293.3	0.4	1.00	
25.27	2148, 0.095	160042.	3772	293.3	0.4	1.00	
25.27	2148, 0.095	160086.	3759	293.3	0.4	1.00	
25.27	2148, 0.095	160128.	3828	293.3	0.4	1.00	
25.27	2148, 0.095	160170.	3749	293.3	0.4	1.00	
25.27	2148, 0.095	160221.	3738	293.3	0.4	1.00	
25.27	2148, 0.095	160264.	3897	293.3	0.4	1.00	
25.27	2148, 0.095	160307.	3932	293.3	0.4	1.00	
25.27	2148, 0.095	160352.	3726	293.3	0.4	1.00	
25.27	2148, 0.095	160399.	3816	293.3	0.4	1.00	
25.27	2148, 0.095	160443.	3738	293.3	0.4	1.00	
25.27	2148, 0.095	160489.	3957	293.3	0.4	1.00	
25.68	2182, 0.100	163842.	3859	293.3	0.4	1.00	
25.68	2182, 0.100	163886.	3939	293.4	0.3	1.00	
25.68	2182, 0.100	163935.	3924	293.3	0.4	1.00	
25.68	2182, 0.100	163984.	3753	293.3	0.4	1.00	
25.68	2182, 0.100	164030.	3751	293.3	0.4	1.00	
25.68	2182, 0.100	164077.	3851	293.3	0.4	1.00	
25.68	2182, 0.100	164121.	3899	293.3	0.4	1.00	
25.68	2182, 0.100	164166.	3932	293.3	0.4	1.00	
25.68	2182, 0.100	164214.	3896	293.3	0.4	1.00	
25.68	2182, 0.100	164262.	3783	293.3	0.4	1.00	
25.68	2182, 0.100	164307.	3943	293.3	0.4	1.00	
25.68	2182, 0.100	164351.	3967	293.3	0.4	1.00	
25.68	2182, 0.100	164398.	3792	293.3	0.4	1.00	
24.46	2071, 0.393	404186.	3859	293.9	-0.2	1.00	
24.46	2071, 0.393	404233.	3720	293.9	-0.2	1.00	
24.46	2071, 0.393	404282.	3721	293.9	-0.2	1.00	
24.46	2071, 0.393	404327.	3629	293.9	-0.2	1.00	
24.46	2071, 0.393	404373.	3560	293.9	-0.3	1.00	
24.46	2071, 0.393	404418.	3673	293.9	-0.3	1.00	
24.46	2071, 0.393	404463.	3735	293.9	-0.3	1.00	
24.46	2071, 0.393	404509.	3706	293.9	-0.3	1.00	
24.46	2071, 0.393	404554.	3737	293.9	-0.3	1.00	
24.46	2071, 0.393	404599.	3814	293.9	-0.3	1.00	

Table H.2.10 Diesel contamination on oxidized copper surface for Re = 5000 and x_b = 0.3 %
(file:trv45con2.tb2)

l_e (μm)	Γ (kg/m^2) X10^5	x_b (%)	Exposure Time (s)	Re	$\overline{T}_{T_r}$ (K)	$T_j T - T_r$ (K)	$\frac{F_{T_b}}{F_{T_r}}$
0.38 32	0.287 406	4853.	292.4		1.3	1.00	
0.38 32	0.287 410	4993.	292.4		1.2	1.00	
0.38 32	0.287 4114	4998.	292.5		1.2	1.00	
0.38 32	0.287 4187	5021.	292.5		1.1	1.00	
0.38 32	0.287 4229	4870.	292.6		1.1	1.00	
0.38 32	0.287 427	4951.	292.6		1.1	1.00	
0.38 32	0.287 4315	4955.	292.6		1.0	1.00	
0.38 32	0.287 4360	5059.	292.7		1.0	1.00	
0.38 32	0.287 4402	5106.	292.7		1.0	1.00	
0.38 32	0.287 4444	4952.	292.7		0.9	1.00	
0.38 32	0.287 4488	4859.	292.8		0.9	1.00	
0.38 32	0.287 4530	4736.	292.8		0.8	1.00	
0.38 32	0.287 4574	5085.	292.9		0.8	1.00	
-0.06 -5	0.346 4738	5079.	293.0		0.7	1.00	
-0.06 -5	0.346 4776	5062.	293.1		0.6	1.00	
-0.06 -5	0.346 4819	4892.	293.1		0.6	1.00	
-0.06 -5	0.346 4862	5013.	293.1		0.5	1.00	
-0.06 -5	0.346 4905	4882.	293.2		0.5	1.00	
-0.06 -5	0.346 4948	5062.	293.2		0.5	1.00	
-0.06 -5	0.346 4990	4912.	293.3		0.4	1.00	
-0.06 -5	0.346 5032	5072.	293.3		0.4	1.00	
-0.06 -5	0.346 5077	4922.	293.4		0.3	1.00	
-0.06 -5	0.346 5121	5061.	293.4		0.3	1.00	
-0.06 -5	0.346 5168	4930.	293.4		0.2	1.00	
-0.06 -5	0.346 5205	4806.	293.5		0.2	1.00	
-0.06 -5	0.346 5247	5074.	293.5		0.1	1.00	
0.32 27	0.339 7217	5000.	294.4		-0.7	1.00	
0.32 27	0.339 7260	4980.	294.4		-0.7	1.00	
0.32 27	0.339 7312	5236.	294.3		-0.7	1.00	
0.32 27	0.339 7363	5034.	294.3		-0.7	1.00	
0.32 27	0.339 7418	5131.	294.3		-0.6	1.00	
0.32 27	0.339 7466	5232.	294.3		-0.6	1.00	
0.32 27	0.339 7510	5186.	294.3		-0.6	1.00	
0.32 27	0.339 7553	5165.	294.3		-0.6	1.00	
0.32 27	0.339 7596	5225.	294.3		-0.6	1.00	
0.32 27	0.339 7638	5225.	294.2		-0.6	1.00	
0.32 27	0.339 7682	5265.	294.2		-0.6	1.00	
0.32 27	0.339 7724	5019.	294.2		-0.6	1.00	
0.32 27	0.339 7767	5077.	294.2		-0.5	1.00	
0.65 55	0.310 7272	5330.	294.0		-0.3	1.00	
0.65 55	0.310 7281	5331.	294.1		-0.4	1.00	
0.65 55	0.310 7286	5354.	294.1		-0.4	1.00	
0.65 55	0.310 7290	5161.	294.1		-0.4	1.00	
0.65 55	0.310 7294	5466.	294.1		-0.4	1.00	
0.65 55	0.310 7298	5422.	294.1		-0.4	1.00	
0.65 55	0.310 7303	5314.	294.1		-0.4	1.00	
0.65 55	0.310 7307	5358.	294.1		-0.4	1.00	
0.65 55	0.310 7311	5314.	294.1		-0.4	1.00	
0.65 55	0.310 7315	5401.	294.1		-0.4	1.00	
0.65 55	0.310 7320	5446.	294.1		-0.4	1.00	
0.65 55	0.310 7324	5126.	294.1		-0.4	1.00	
0.65 55	0.310 7328	5291.	294.1		-0.4	1.00	
0.48 41	0.313 7341	5166.	294.1		-0.4	1.00	
0.48 41	0.313 7346	5493.	294.1		-0.4	1.00	
0.48 41	0.313 7350	5443.	294.1		-0.4	1.00	
0.48 41	0.313 7354	5224.	294.1		-0.4	1.00	
0.48 41	0.313 7359	5182.	294.1		-0.4	1.00	
0.48 41	0.313 7363	5203.	294.0		-0.4	1.00	
0.48 41	0.313 7368	5328.	294.0		-0.4	1.00	
0.48 41	0.313 7372	5373.	294.0		-0.3	1.00	
0.48 41	0.313 7377	5218.	294.0		-0.3	1.00	
0.48 41	0.313 7381	5348.	294.0		-0.3	1.00	
0.48 41	0.313 7385	5237.	294.0		-0.3	1.00	
0.48 41	0.313 7389	5215.	294.0		-0.3	1.00	
0.48 41	0.313 7394	5523.	294.0		-0.3	1.00	
0.56 47	0.310 7412	5339.	293.9		-0.3	1.00	
0.56 47	0.310 7416	5165.	293.9		-0.2	1.00	
0.56 47	0.310 7420	5290.	293.9		-0.2	1.00	
0.56 47	0.310 7425	5264.	293.9		-0.2	1.00	
0.56 47	0.310 7429	5242.	293.9		-0.2	1.00	
0.56 47	0.310 7434	5136.	293.8		-0.2	1.00	
0.56 47	0.310 7438	5256.	293.8		-0.1	1.00	
0.56 47	0.310 7442	5299.	293.8		-0.1	1.00	
0.56 47	0.310 7447	5339.	293.8		-0.1	1.00	
0.56 47	0.310 7452	5009.	293.8		-0.1	1.00	
0.56 47	0.310 7456	5381.	293.7		-0.1	1.00	
0.56 47	0.310 7462	5224.	293.7		-0.1	1.00	
0.56 47	0.310 7465	5080.	293.7		0.0	1.00	
1.34 113	0.234 7882	5174.	293.9		-0.3	1.00	
1.34 113	0.234 7886	5032.	293.9		-0.2	1.00	
1.34 113	0.234 7891	5407.	293.9		-0.2	1.00	
1.34 113	0.234 7896	5188.	293.9		-0.2	1.00	
1.34 113	0.234 7900	5493.	293.9		-0.2	1.00	
1.34 113	0.234 7904	5290.	293.9		-0.2	1.00	
1.34 113	0.234 7909	5221.	293.8		-0.2	1.00	
1.34 113	0.234 7913	5371.	293.8		-0.1	1.00	
1.34 113	0.234 7918	5219.	293.8		-0.1	1.00	
1.34 113	0.234 7922	4997.	293.8		-0.1	1.00	
1.34 113	0.234 7926	5387.	293.7		-0.1	1.00	
1.34 113	0.234 7930	5275.	293.7		-0.1	1.00	
1.34 113	0.234 7934	5008.	293.7		-0.1	1.00	
1.04 88	0.286 8273	5361.	294.1		-0.4	1.00	
1.04 88	0.286 8278	5274.	294.1		-0.4	1.00	
1.04 88	0.286 8282	5107.	294.1		-0.4	1.00	
1.04 88	0.286 8287	5230.	294.1		-0.4	1.00	
1.04 88	0.286 8291	5378.	294.1		-0.4	1.00	
1.04 88	0.286 8296	5424.	294.1		-0.4	1.00	
1.04 88	0.286 8300	5407.	294.1		-0.4	1.00	
1.04 88	0.286 8304	5122.	294.1		-0.4	1.00	
1.04 88	0.286 8309	5122.	294.1		-0.4	1.00	
1.04 88	0.286 8313	5287.	294.0		-0.4	1.00	
1.04 88	0.286 8315	5352.	294.0		-0.4	1.00	
1.04 88	0.286 8322	5287.	294.0		-0.3	1.00	
1.04 88	0.286 8327	5139.	294.0		-0.4	1.00	
1.18 100	0.297 8585	5372.	293.5		0.2	1.00	
1.18 100	0.297 8590	5217.	293.5		0.2	1.00	
1.18 100	0.297 8594	5098.	293.5		0.2	1.00	
1.18 100	0.297 8598	5200.	293.5		0.1	1.00	
1.18 100	0.297 8603	5289.	293.5		0.1	1.00	
1.18 100	0.297 8607	5426.	293.6		0.1	1.00	
1.18 100	0.297 8612	5338.	293.6		0.1	1.00	
1.18 100	0.297 8616	5210.	293.6		0.1	1.00	
1.18 100	0.297 8621	5212.	293.6		0.1	1.00	
1.18 100	0.297 8625	5412.	293.6		0.0	1.00	
1.18 100	0.297 8629	5195.	293.7		0.0	1.00	
1.18 100	0.297 8634	5264.	293.7		0.0	1.00	
1.18 100	0.297 8639	5399.	293.7		0.0	1.00	
1.17 100	0.310 8653	5386.	293.8		-0.1	1.00	
1.17 100	0.310 8658	5278.	293.8		-0.1	1.00	
1.17 100	0.310 8662	5156.	293.8		-0.1	1.00	
1.17 100	0.310 8667	5351.	293.8		-0.1	1.00	
1.17 100	0.310 8672	5375.	293.9		-0.2	1.00	
1.17 100	0.310 8676	5471.	293.9		-0.3	1.00	
1.17 100	0.310 8681	5230.	293.9		-0.3	1.00	
1.17 100	0.310 8685	5316.	293.9		-0.3	1.00	
1.17 100	0.310 8690	5387.	294.0		-0.3	1.00	
1.17 100	0.310 8694	5154.	294.0		-0.3	1.00	
1.17 100	0.310 8699	5258.	294.0		-0.3	1.00	
1.17 100	0.310 8703	5373.	294.0		-0.3	1.00	
1.17 100	0.310 8708	5439.	294.0		-0.4	1.00	
1.44 122	0.301 9030	5249.	293.4		0.3	1.00	
1.44 122	0.301 9035	5360.	293.4		0.3	1.00	
1.44 122	0.301 9040	5255.	293.4		0.3	1.00	
1.44 122	0.301 9045	5387.	293.4		0.2	1.00	
1.44 122	0.301 9049	5232.	293.4		0.2	1.00	
1.44 122	0.301 9053	5298.	293.4		0.2	1.00	
1.44 122	0.301 9058	5091.	293.4		0.2	1.00	
1.44 122	0.301 9062	5215.	293.5		0.2	1.00	
1.44 122	0.301 9067	5262.	293.5		0.2	1.00	
1.44 122	0.301 9071	4999.	293.5		0.2	1.00	
1.44 122	0.301 9075	5307.	293.5		0.1	1.00	
1.44 122	0.301 9080	5080.	293.5		0.1	1.00	
1.44 122	0.301 9084	5270.	293.5		0.1	1.00	
1.67 142	0.304 9327	5326.	293.6		0.0	1.00	
1.67 142	0.304 9336	5258.	293.6		0.1	1.00	
1.67 142	0.304 9392	5256.	293.6		0.1	1.00	
1.67 142	0.304 9397	5027.	293.6		0.1	1.00	
1.67 142	0.304 9401	4966.	293.5		0.1	1.00	
1.67 142	0.304 9409	5330.	293.5		0.1	1.00	
1.67 142	0.304 9422	5214.	293.4		0.2	1.00	
1.67 142	0.304 9428	5008.	293.4		0.3	1.00	
1.67 142	0.304 9434	5128.	293.4		0.3	1.00	
1.67 142	0.304 9439	5023.	293.4		0.3	1.00	
1.67 142	0.304 9443	5142.	293.4		0.3	1.00	
1.67 142	0.304 9448	5249.	293.4		0.3	1.00	
1.67 142	0.304 9453	5039.	293.4		0.3	1.00	
1.81 153	0.299 9467	5099.	293.4		0.3	1.00	

Table H.2.11 Diesel contamination on oxidized copper surface for Re = 7000 and x_b = 0.3 %
(file:trv6con2.tb2)

l_e (μm)	Γ (kg/m²) X10⁵	x_b (%)	Exposure Time (s)	Re	$\bar{T}_{T_r}$ (K)	$\bar{T_T} - \bar{T}_{T_r}$ (K)	$\frac{F_{T_b}}{F_{T_r}}$
0.38	32	0.287	406	4853	292.4	1.3	1.00
0.38	32	0.287	4103	4993	292.4	1.2	1.00
0.38	32	0.287	4144	4998	292.5	1.2	1.00
0.38	32	0.287	4187	5021	292.5	1.1	1.00
0.38	32	0.287	4229	4870	292.6	1.1	1.00
0.38	32	0.287	4271	4951	292.6	1.1	1.00
0.38	32	0.287	4315	4955	292.6	1.0	1.00
0.38	32	0.287	4360	5059	292.7	1.0	1.00
0.38	32	0.287	4402	5106	292.7	1.0	1.00
0.38	32	0.287	4444	4952	292.7	0.9	1.00
0.38	32	0.287	4488	4859	292.8	0.9	1.00
0.38	32	0.287	4530	4736	292.8	0.8	1.00
0.38	32	0.287	4574	5085	292.9	0.8	1.00
-0.06	-5	0.346	4738	5079	293.0	0.7	1.00
-0.06	-5	0.346	4776	5062	293.1	0.6	1.00
-0.06	-5	0.346	4819	4892	293.1	0.6	1.00
-0.06	-5	0.346	4862	5013	293.1	0.5	1.00
-0.06	-5	0.346	4903	4882	293.2	0.5	1.00
-0.06	-5	0.346	4948	5062	293.2	0.5	1.00
-0.06	-5	0.346	4990	4912	293.3	0.4	1.00
-0.06	-5	0.346	5032	5072	293.3	0.4	1.00
-0.06	-5	0.346	5077	4922	293.4	0.3	1.00
-0.06	-5	0.346	5121	5061	293.4	0.3	1.00
-0.06	-5	0.346	5168	4930	293.4	0.2	1.00
-0.06	-5	0.346	5205	4806	293.5	0.2	1.00
-0.06	-5	0.346	5247	5074	293.5	0.1	1.00
0.32	27	0.339	7217	5000	294.4	-0.7	1.00
0.32	27	0.339	7260	4980	294.4	-0.7	1.00
0.32	27	0.339	7312	5236	294.3	-0.7	1.00
0.32	27	0.339	7363	5034	294.3	-0.7	1.00
0.32	27	0.339	7418	5131	294.3	-0.6	1.00
0.32	27	0.339	7466	5232	294.3	-0.6	1.00
0.32	27	0.339	7510	5186	294.3	-0.6	1.00
0.32	27	0.339	7553	5165	294.3	-0.6	1.00
0.32	27	0.339	7596	5225	294.3	-0.6	1.00
0.32	27	0.339	7638	5225	294.2	-0.6	1.00
0.32	27	0.339	7682	5265	294.2	-0.6	1.00
0.32	27	0.339	7724	5019	294.2	-0.6	1.00
0.32	27	0.339	7767	5077	294.2	-0.5	1.00
0.65	55	0.310	72772	5330	294.0	-0.3	1.00
0.65	55	0.310	72816	5331	294.1	-0.4	1.00
0.65	55	0.310	72863	5354	294.1	-0.4	1.00
0.65	55	0.310	72904	5161	294.1	-0.4	1.00
0.65	55	0.310	72945	5466	294.1	-0.4	1.00
0.65	55	0.310	72988	5422	294.1	-0.4	1.00
0.65	55	0.310	73030	5314	294.1	-0.4	1.00
0.65	55	0.310	73071	5358	294.1	-0.4	1.00
0.65	55	0.310	73115	5314	294.1	-0.4	1.00
0.65	55	0.310	73157	5401	294.1	-0.4	1.00
0.65	55	0.310	73202	5446	294.1	-0.4	1.00
0.65	55	0.310	73245	5126	294.1	-0.4	1.00
0.65	55	0.310	73286	5291	294.1	-0.4	1.00
0.48	41	0.313	73421	5166	294.1	-0.4	1.00
0.48	41	0.313	73462	5493	294.1	-0.4	1.00
0.48	41	0.313	73506	5443	294.1	-0.4	1.00
0.48	41	0.313	73548	5224	294.1	-0.4	1.00
0.48	41	0.313	73591	5182	294.1	-0.4	1.00
0.48	41	0.313	73636	5203	294.0	-0.4	1.00
0.48	41	0.313	73680	5328	294.0	-0.4	1.00
0.48	41	0.313	73727	5373	294.0	-0.3	1.00
0.48	41	0.313	73771	5218	294.0	-0.3	1.00
0.48	41	0.313	73813	5348	294.0	-0.3	1.00
0.48	41	0.313	73855	5237	294.0	-0.3	1.00
0.48	41	0.313	73899	5215	294.0	-0.3	1.00
0.48	41	0.313	73943	5523	294.0	-0.3	1.00
0.56	47	0.310	74123	5339	293.9	-0.3	1.00
0.56	47	0.310	74167	5165	293.9	-0.2	1.00
0.56	47	0.310	74210	5290	293.9	-0.2	1.00
0.56	47	0.310	74255	5264	293.9	-0.2	1.00
0.56	47	0.310	74298	5242	293.9	-0.2	1.00
0.56	47	0.310	74342	5136	293.8	-0.2	1.00
0.56	47	0.310	74388	5256	293.8	-0.1	1.00
0.56	47	0.310	74432	5299	293.8	-0.1	1.00
0.56	47	0.310	74477	5339	293.8	-0.1	1.00
0.56	47	0.310	74522	5009	293.8	-0.1	1.00
0.56	47	0.310	74567	5381	293.7	-0.1	1.00
0.56	47	0.310	74612	5224	293.7	-0.1	1.00
0.56	47	0.310	74658	5080	293.7	0.0	1.00
1.34	113	0.234	78825	5174	293.9	-0.3	1.00
1.34	113	0.234	78868	5032	293.9	-0.2	1.00
1.34	113	0.234	78917	5407	293.9	-0.2	1.00
1.34	113	0.234	78963	5188	293.9	-0.2	1.00
1.34	113	0.234	79005	5493	293.9	-0.2	1.00
1.34	113	0.234	79047	5290	293.9	-0.2	1.00
1.34	113	0.234	79091	5221	293.8	-0.1	1.00
1.34	113	0.234	79137	5371	293.8	-0.1	1.00
1.34	113	0.234	79181	5219	293.8	-0.1	1.00
1.34	113	0.234	79224	4997	293.8	-0.1	1.00
1.34	113	0.234	79266	5387	293.7	-0.1	1.00
1.34	113	0.234	79306	5275	293.7	-0.1	1.00
1.34	113	0.234	79349	5008	293.7	-0.1	1.00
1.04	88	0.286	82735	5361	294.1	-0.4	1.00
1.04	88	0.286	82782	5274	294.1	-0.4	1.00
1.04	88	0.286	82827	5107	294.1	-0.4	1.00
1.04	88	0.286	82877	5230	294.1	-0.4	1.00
1.04	88	0.286	82921	5378	294.1	-0.4	1.00
1.04	88	0.286	82965	5424	294.1	-0.4	1.00
1.04	88	0.286	83007	5074	294.1	-0.4	1.00
1.04	88	0.286	83048	5122	294.1	-0.4	1.00
1.04	88	0.286	83093	5122	294.1	-0.4	1.00
1.04	88	0.286	83138	5267	294.0	-0.4	1.00
1.04	88	0.286	83182	5352	294.0	-0.4	1.00
1.04	88	0.286	83227	5287	294.0	-0.3	1.00
1.04	88	0.286	83271	5139	294.0	-0.4	1.00
1.18	100	0.297	85857	5372	293.5	0.2	1.00
1.18	100	0.297	85901	5217	293.5	0.2	1.00
1.18	100	0.297	85946	5098	293.5	0.2	1.00
1.18	100	0.297	85989	5200	293.5	0.1	1.00
1.18	100	0.297	86032	5289	293.6	0.1	1.00
1.18	100	0.297	86077	5426	293.6	0.1	1.00
1.18	100	0.297	86120	5338	293.6	0.1	1.00
1.18	100	0.297	86164	5210	293.6	0.1	1.00
1.18	100	0.297	86211	5212	293.6	0.1	1.00
1.18	100	0.297	86254	5412	293.6	0.0	1.00
1.18	100	0.297	86299	5195	293.6	0.0	1.00
1.18	100	0.297	86344	5264	293.7	0.0	1.00
1.18	100	0.297	86392	5399	293.7	0.0	1.00
1.17	100	0.310	86538	5386	293.8	-0.1	1.00
1.17	100	0.310	86584	5278	293.8	-0.1	1.00
1.17	100	0.310	86626	5156	293.8	-0.1	1.00
1.17	100	0.310	86671	5351	293.8	-0.2	1.00
1.17	100	0.310	86721	5375	293.9	-0.2	1.00
1.17	100	0.310	86765	5471	293.9	-0.3	1.00
1.17	100	0.310	86810	5230	293.9	-0.3	1.00
1.17	100	0.310	86855	5316	293.9	-0.3	1.00
1.17	100	0.310	86900	5387	294.0	-0.3	1.00
1.17	100	0.310	86947	5154	294.0	-0.3	1.00
1.17	100	0.310	86992	5258	294.0	-0.3	1.00
1.17	100	0.310	87035	5373	294.0	-0.3	1.00
1.17	100	0.310	87081	5439	294.0	-0.4	1.00
1.44	122	0.301	90303	5249	293.4	0.3	1.00
1.44	122	0.301	90351	5360	293.4	0.3	1.00
1.44	122	0.301	90403	5255	293.4	0.3	1.00
1.44	122	0.301	90451	5387	293.4	0.2	1.00
1.44	122	0.301	90497	5232	293.4	0.2	1.00
1.44	122	0.301	90539	5298	293.4	0.2	1.00
1.44	122	0.301	90584	5091	293.4	0.2	1.00
1.44	122	0.301	90629	5215	293.5	0.2	1.00
1.44	122	0.301	90673	5262	293.5	0.2	1.00
1.44	122	0.301	90715	4999	293.5	0.2	1.00
1.44	122	0.301	90758	5307	293.5	0.1	1.00
1.44	122	0.301	90803	5080	293.5	0.1	1.00
1.44	122	0.301	90848	5270	293.5	0.1	1.00
1.67	142	0.304	93327	5326	293.6	0.0	1.00
1.67	142	0.304	93369	5256	293.6	0.0	1.00
1.67	142	0.304	93421	5256	293.6	0.1	1.00
1.67	142	0.304	93972	5027	293.6	0.1	1.00
1.67	142	0.304	94019	4966	293.5	0.1	1.00
1.67	142	0.304	94097	5330	293.5	0.1	1.00
1.67	142	0.304	94223	5214	293.4	0.2	1.00
1.67	142	0.304	94280	5008	293.4	0.3	1.00

Table H.2.12 Tap water flushing after Re = 5000 contamination tests at x_b = 0.3 %
(file:flsh45c2.tb2)

l_e (μm)	Γ (kg/m^2) X10^5	x_b (%)	Exposure Time (s)	$\overline{T}_{T_r}$ (K)	$TT - T_{Tr}$ (K)	F_{T_b}/F_{T_r}
0.15	13, -0.007 40	293.2	0.5			1.00
0.15	13, -0.007 45	292.6	1.1			1.00
0.15	13, -0.007 50	292.0	1.7			1.00
0.15	13, -0.007 55	291.5	2.2			1.00
0.15	13, -0.007 61	291.0	2.7			1.00
0.15	13, -0.007 66	290.6	3.1			1.00
0.15	13, -0.007 71	290.1	3.6			1.01
0.15	13, -0.007 77	289.6	4.0			1.01
0.15	13, -0.007 83	289.2	4.5			1.01
0.15	13, -0.007 88	288.9	4.8			1.01
0.15	13, -0.007 93	288.7	5.0			1.01
0.15	13, -0.007 99	288.5	5.2			1.01
0.15	13, -0.007 105	288.3	5.4			1.01
0.03	3, 0.007 3736	286.4	7.3			1.01
0.03	3, 0.007 3787	286.4	7.3			1.01
0.03	3, 0.007 3842	286.4	7.3			1.01
0.03	3, 0.007 3902	286.4	7.3			1.01
0.03	3, 0.007 3958	286.4	7.3			1.01
0.03	3, 0.007 4013	286.4	7.3			1.01
0.03	3, 0.007 4070	286.4	7.3			1.01
0.03	3, 0.007 4124	286.4	7.3			1.01
0.03	3, 0.007 4180	286.4	7.3			1.01
0.03	3, 0.007 4234	286.4	7.3			1.01
0.03	3, 0.007 4294	286.4	7.3			1.01
0.03	3, 0.007 4349	286.4	7.3			1.01
0.03	3, 0.007 4406	286.4	7.3			1.01
-0.40	-34, -0.004 64014	287.3	6.4			1.01
-0.40	-34, -0.004 64064	287.3	6.3			1.01
-0.40	-34, -0.004 64118	287.3	6.4			1.01
-0.40	-34, -0.004 64176	287.3	6.4			1.01
-0.40	-34, -0.004 64239	287.3	6.4			1.01
-0.40	-34, -0.004 64292	287.3	6.3			1.01
-0.40	-34, -0.004 64346	287.3	6.4			1.01
-0.40	-34, -0.004 64398	287.3	6.3			1.01
-0.40	-34, -0.004 64452	287.3	6.4			1.01
-0.40	-34, -0.004 64508	287.3	6.3			1.01
-0.40	-34, -0.004 64560	287.3	6.3			1.01
-0.40	-34, -0.004 64612	287.3	6.3			1.01
-0.40	-34, -0.004 64667	287.3	6.3			1.01
-0.19	-6, -0.003 64866	287.3	6.3			1.01
-0.19	-6, -0.003 64920	287.3	6.3			1.01
-0.19	-6, -0.003 64975	287.3	6.3			1.01
-0.19	-6, -0.003 65027	287.3	6.3			1.01
-0.19	-6, -0.003 65082	287.3	6.3			1.01
-0.19	-6, -0.003 65135	287.3	6.3			1.01
-0.19	-6, -0.003 65188	287.3	6.3			1.01
-0.19	-6, -0.003 65245	287.3	6.3			1.01
-0.19	-6, -0.003 65300	287.3	6.3			1.01
-0.19	-6, -0.003 65351	287.3	6.3			1.01
-0.19	-6, -0.003 65405	287.3	6.3			1.01
-0.19	-6, -0.003 65458	287.3	6.3			1.01
-0.19	-6, -0.003 65513	287.3	6.3			1.01
-0.39	-34, -0.004 67977	287.5	6.2			1.01
-0.39	-34, -0.004 68028	287.5	6.2			1.01
-0.39	-34, -0.004 68086	287.5	6.2			1.01
-0.39	-34, -0.004 68139	287.5	6.2			1.01
-0.39	-34, -0.004 68190	287.5	6.2			1.01
-0.39	-34, -0.004 68242	287.5	6.2			1.01
-0.39	-34, -0.004 68297	287.5	6.2			1.01
-0.39	-34, -0.004 68349	287.5	6.2			1.01
-0.39	-34, -0.004 68402	287.5	6.2			1.01
-0.39	-34, -0.004 68453	287.5	6.2			1.01
-0.39	-34, -0.004 68504	287.5	6.2			1.01
-0.39	-34, -0.004 68556	287.5	6.2			1.01
-0.39	-34, -0.004 68610	287.5	6.2			1.01
-0.31	-26, -0.001 71528	286.8	6.9			1.01
-0.31	-26, -0.001 71580	286.8	6.9			1.01
-0.31	-26, -0.001 71634	286.8	6.9			1.01
-0.31	-26, -0.001 71682	286.8	6.9			1.01
-0.31	-26, -0.001 71733	286.8	6.9			1.01
-0.31	-26, -0.001 71783	286.7	6.9			1.01
-0.31	-26, -0.001 71837	286.7	6.9			1.01
-0.31	-26, -0.001 71891	286.7	7.0			1.01
-0.31	-26, -0.001 71942	286.7	7.0			1.01
-0.31	-26, -0.001 71992	286.7	7.0			1.01
-0.31	-26, -0.001 72043	286.7	7.0			1.01
-0.31	-26, -0.001 72097	286.7	7.0			1.01
-0.31	-26, -0.001 72148	286.6	7.0			1.01
-0.20	-7, 0.003 72616	286.4	7.3			1.01
-0.20	-7, 0.003 72666	286.4	7.3			1.01
-0.20	-7, 0.003 72718	286.3	7.3			1.01
-0.20	-7, 0.003 72770	286.3	7.4			1.01
-0.20	-7, 0.003 72820	286.3	7.4			1.01
-0.20	-7, 0.003 72873	286.3	7.4			1.01
-0.20	-7, 0.003 72925	286.2	7.4			1.01
-0.20	-7, 0.003 72975	286.2	7.5			1.01
-0.20	-7, 0.003 73028	286.2	7.5			1.01
-0.20	-7, 0.003 73077	286.2	7.5			1.01
-0.20	-7, 0.003 73127	286.2	7.5			1.01
-0.20	-7, 0.003 73179	286.2	7.5			1.01
-0.20	-7, 0.003 73234	286.2	7.5			1.01
-0.26	-23, 0.001 73429	286.2	7.5			1.01
-0.26	-23, 0.001 73488	286.2	7.5			1.01
-0.26	-23, 0.001 73548	286.2	7.5			1.01
-0.26	-23, 0.001 73505	286.2	7.5			1.01
-0.26	-23, 0.001 73658	286.2	7.5			1.01
-0.26	-23, 0.001 73711	286.2	7.5			1.01
-0.26	-23, 0.001 73763	286.2	7.5			1.01
-0.26	-23, 0.001 73816	286.2	7.5			1.01
-0.26	-23, 0.001 73870	286.2	7.5			1.01
-0.26	-23, 0.001 73926	286.2	7.4			1.01
-0.26	-23, 0.001 73977	286.2	7.5			1.01
-0.26	-23, 0.001 74036	286.2	7.4			1.01
-0.26	-23, 0.001 74092	286.2	7.4			1.01
-0.30	-26, -0.002 77386	286.2	7.4			1.01
-0.30	-26, -0.002 77439	286.2	7.4			1.01
-0.30	-26, -0.002 77493	286.2	7.4			1.01
-0.30	-26, -0.002 77544	286.2	7.4			1.01
-0.30	-26, -0.002 77595	286.2	7.4			1.01
-0.30	-26, -0.002 77648	286.2	7.4			1.01
-0.30	-26, -0.002 77702	286.2	7.4			1.01
-0.30	-26, -0.002 77752	286.2	7.5			1.01
-0.30	-26, -0.002 77805	286.2	7.5			1.01
-0.30	-26, -0.002 77860	286.2	7.5			1.01
-0.30	-26, -0.002 77911	286.1	7.5			1.01
-0.30	-26, -0.002 77961	286.1	7.5			1.01
-0.30	-26, -0.002 78015	286.1	7.6			1.01
-0.29	-25, -0.005 81839	286.1	7.4			1.01
-0.29	-25, -0.005 81891	286.1	7.4			1.01
-0.29	-25, -0.005 81941	286.1	7.4			1.01
-0.29	-25, -0.005 81992	286.1	7.3			1.01
-0.29	-25, -0.005 82044	286.1	7.3			1.01
-0.29	-25, -0.005 82107	286.1	7.3			1.01
-0.29	-25, -0.005 82161	286.1	7.3			1.01
-0.29	-25, -0.005 82217	286.1	7.3			1.01
-0.29	-25, -0.005 82272	286.1	7.3			1.01
-0.29	-25, -0.005 82322	286.1	7.3			1.01
-0.29	-25, -0.005 82372	286.1	7.3			1.01
-0.29	-25, -0.005 82425	286.1	7.3			1.01
-0.29	-25, -0.005 82477	286.1	7.3			1.01
-0.36	-31, -0.002 86294	286.5	7.2			1.01
-0.36	-31, -0.002 86343	286.4	7.3			1.01
-0.36	-31, -0.002 86398	286.4	7.3			1.01
-0.36	-31, -0.002 86447	286.4	7.3			1.01
-0.36	-31, -0.002 86498	286.4	7.3			1.01
-0.36	-31, -0.002 86551	286.4	7.2			1.01
-0.36	-31, -0.002 86603	286.4	7.2			1.01
-0.36	-31, -0.002 86656	286.4	7.3			1.01
-0.36	-31, -0.002 86708	286.4	7.3			1.01
-0.36	-31, -0.002 86759	286.4	7.3			1.01
-0.36	-31, -0.002 86810	286.4	7.3			1.01
-0.36	-31, -0.002 86859	286.4	7.3			1.01
-0.36	-31, -0.002 86911	286.4	7.3			1.01
-0.31	-26, -0.004 87078	286.3	7.4			1.01
-0.31	-26, -0.004 87129	286.3	7.4			1.01
-0.31	-26, -0.004 87183	286.3	7.4			1.01
-0.31	-26, -0.004 87237	286.3	7.4			1.01
-0.31	-26, -0.004 87288	286.3	7.4			1.01
-0.31	-26, -0.004 87340	286.2	7.4			1.01
-0.31	-26, -0.004 87395	286.2	7.5			1.01
-0.31	-26, -0.004 87445	286.2	7.4			1.01
-0.31	-26, -0.004 87497	286.2	7.4			1.01
-0.31	-26, -0.004 87548	286.2	7.4			1.01

Table H.2.13 Tap water flushing after Re = 7000 contamination tests at x_b = 0.3 %
(file:flsh6c2.tb2)

l_e (μm)	Γ (kg/m²) ×10⁵	x_b (%)	Exposure Time (s)	$\overline{T}_{T_T}$ (K)	$\overline{TT}-\overline{T}_{T_T}$ (K)	$\frac{F_{T_b}}{F_{T_T}}$
-0.54	-46.	0.003	0.	296.8	-3.1	1.00
-0.54	-46.	0.003	56	296.0	-2.3	1.00
-0.54	-46.	0.003	110.	295.5	-1.8	1.00
-0.54	-46.	0.003	165.	294.9	-1.1	1.00
-0.54	-46.	0.003	218.	294.2	-0.5	1.00
-0.54	-46.	0.003	275.	293.5	0.	1.00
-0.54	-46.	0.003	328.	292.9	0.8	1.00
-0.54	-46.	0.003	388.	291.9	1.7	1.00
-0.54	-46.	0.003	439.	290.8	2.9	1.00
-0.54	-46.	0.003	492.	289.9	3.8	1.01
-0.54	-46.	0.003	548.	289.1	4.6	1.01
-0.54	-46.	0.003	600.	288.4	5.3	1.01
-0.54	-46.	0.003	658.	287.9	5.8	1.01
-0.03	-2.	0.006	11606.	284.2	9.5	1.01
-0.03	-2.	0.006	11652.	284.2	9.5	1.01
-0.03	-2.	0.006	11753.	284.2	9.5	1.01
-0.03	-2.	0.006	11809.	284.2	9.5	1.01
-0.03	-2.	0.006	11852.	284.2	9.5	1.01
-0.03	-2.	0.006	11918.	284.2	9.5	1.01
-0.03	-2.	0.006	11974.	284.2	9.5	1.01
-0.03	-2.	0.006	12080.	284.2	9.5	1.01
-0.03	-2.	0.006	12091.	284.2	9.5	1.01
-0.03	-2.	0.006	12183.	284.2	9.5	1.01
-0.03	-2.	0.006	12197.	284.2	9.5	1.01
-0.03	-2.	0.006	12250.	284.2	9.5	1.01
-0.03	-2.	0.006	12305.	284.1	9.5	1.01
-0.17	-15.	0.005	15484.	283.7	10.0	1.02
-0.17	-15.	0.005	15541.	283.7	10.0	1.02
-0.17	-15.	0.005	15599.	283.7	10.0	1.02
-0.17	-15.	0.005	15652.	283.7	10.0	1.02
-0.17	-15.	0.005	15722.	283.7	10.0	1.02
-0.17	-15.	0.005	15778.	283.7	10.0	1.02
-0.17	-15.	0.005	15835.	283.7	10.0	1.02
-0.17	-15.	0.005	15890.	283.7	10.0	1.02
-0.17	-15.	0.005	15953.	283.7	10.0	1.02
-0.17	-15.	0.005	16008.	283.7	10.0	1.02
-0.17	-15.	0.005	16065.	283.7	10.0	1.02
-0.17	-15.	0.005	16120.	283.7	10.0	1.02
-0.17	-15.	0.005	16191.	283.7	10.0	1.02
-0.45	-39.	0.000	77260.	285.3	8.4	1.01
-0.45	-39.	0.000	77315.	285.3	8.4	1.01
-0.45	-39.	0.000	77369.	285.3	8.4	1.01
-0.45	-39.	0.000	77421.	285.3	8.4	1.01
-0.45	-39.	0.000	77475.	285.3	8.4	1.01
-0.45	-39.	0.000	77526.	285.3	8.4	1.01
-0.45	-39.	0.000	77580.	285.3	8.4	1.01
-0.45	-39.	0.000	77632.	285.3	8.4	1.01
-0.45	-39.	0.000	77682.	285.3	8.4	1.01
-0.45	-39.	0.000	77735.	285.3	8.4	1.01
-0.45	-39.	0.000	77789.	285.3	8.4	1.01
-0.45	-39.	0.000	77841.	285.3	8.4	1.01
-0.45	-39.	0.000	77895.	285.3	8.4	1.01
-0.58	-50.	-0.009	78063.	285.3	8.4	1.01
-0.58	-50.	-0.009	78114.	285.3	8.4	1.01
-0.58	-50.	-0.009	78168.	285.2	8.4	1.01
-0.58	-50.	-0.009	78219.	285.2	8.5	1.01
-0.58	-50.	-0.009	78274.	285.2	8.5	1.01
-0.58	-50.	-0.009	78327.	285.2	8.5	1.01
-0.58	-50.	-0.009	78381.	285.2	8.5	1.01
-0.58	-50.	-0.009	78433.	285.2	8.5	1.01
-0.58	-50.	-0.009	78485.	285.2	8.5	1.01
-0.58	-50.	-0.009	78539.	285.2	8.5	1.01
-0.58	-50.	-0.009	78593.	285.2	8.5	1.01
-0.58	-50.	-0.009	78647.	285.2	8.5	1.01
-0.58	-50.	-0.009	78701.	285.2	8.5	1.01
-0.66	-56.	-0.013	82130.	285.0	8.8	1.01
-0.66	-56.	-0.013	82181.	285.0	8.8	1.01
-0.66	-56.	-0.013	82238.	285.0	8.7	1.01
-0.66	-56.	-0.013	82292.	284.9	8.8	1.01
-0.66	-56.	-0.013	82350.	284.9	8.8	1.01
-0.66	-56.	-0.013	82404.	284.9	8.8	1.01
-0.66	-56.	-0.013	82457.	284.9	8.8	1.01
-0.66	-56.	-0.013	82512.	284.9	8.8	1.01
-0.66	-56.	-0.013	82565.	284.9	8.8	1.01
-0.66	-56.	-0.013	82616.	284.9	8.8	1.01
-0.66	-56.	-0.013	82670.	284.9	8.8	1.01
-0.66	-56.	-0.013	82723.	284.9	8.8	1.01
-0.66	-56.	-0.013	82774.	284.9	8.8	1.01
-0.58	-50.	-0.005	86376.	284.1	9.6	1.01
-0.58	-50.	-0.005	86430.	284.1	9.6	1.01
-0.58	-50.	-0.005	86481.	284.1	9.6	1.01
-0.58	-50.	-0.005	86533.	284.2	9.5	1.01
-0.58	-50.	-0.005	86587.	284.2	9.5	1.01
-0.58	-50.	-0.005	86642.	284.2	9.5	1.01
-0.58	-50.	-0.005	86701.	284.2	9.5	1.01
-0.58	-50.	-0.005	86757.	284.2	9.5	1.01
-0.58	-50.	-0.005	86811.	284.2	9.5	1.01
-0.58	-50.	-0.005	86865.	284.2	9.5	1.01
-0.58	-50.	-0.005	86918.	284.2	9.5	1.01
-0.58	-50.	-0.005	86972.	284.2	9.5	1.01
-0.58	-50.	-0.005	87025.	284.2	9.5	1.01
-0.56	-48.	-0.007	87172.	284.1	9.6	1.01
-0.56	-48.	-0.007	87225.	284.1	9.5	1.01
-0.56	-48.	-0.007	87278.	284.1	9.6	1.01
-0.56	-48.	-0.007	87335.	284.1	9.6	1.02
-0.56	-48.	-0.007	87400.	284.1	9.6	1.02
-0.56	-48.	-0.007	87456.	284.1	9.6	1.01
-0.56	-48.	-0.007	87513.	284.1	9.6	1.01
-0.56	-48.	-0.007	87565.	284.1	9.6	1.01
-0.56	-48.	-0.007	87621.	284.1	9.6	1.02
-0.56	-48.	-0.007	87672.	284.1	9.6	1.02
-0.56	-48.	-0.007	87727.	284.1	9.6	1.02
-0.56	-48.	-0.007	87780.	284.1	9.6	1.02
-0.56	-48.	-0.007	87832.	284.1	9.6	1.02
-0.50	-43.	-0.003	87988.	284.1	9.6	1.02
-0.50	-43.	-0.003	88044.	284.1	9.6	1.02
-0.50	-43.	-0.003	88098.	284.0	9.7	1.02
-0.50	-43.	-0.003	88154.	284.0	9.7	1.02
-0.50	-43.	-0.003	88207.	284.0	9.7	1.02
-0.50	-43.	-0.003	88265.	284.1	9.6	1.02
-0.50	-43.	-0.003	88318.	284.1	9.6	1.02
-0.50	-43.	-0.003	88371.	284.0	9.6	1.02
-0.50	-43.	-0.003	88426.	284.0	9.7	1.02
-0.50	-43.	-0.003	88480.	284.0	9.7	1.02
-0.50	-43.	-0.003	88538.	284.1	9.6	1.02
-0.50	-43.	-0.003	88593.	284.0	9.7	1.02
-0.50	-43.	-0.003	88648.	284.0	9.7	1.02
-0.66	-57.	-0.011	95135.	284.2	9.6	1.01
-0.66	-57.	-0.011	95191.	284.2	9.6	1.01
-0.66	-57.	-0.011	95245.	284.2	9.5	1.01
-0.66	-57.	-0.011	95298.	284.2	9.5	1.01
-0.66	-57.	-0.011	95357.	284.2	9.5	1.01
-0.66	-57.	-0.011	95413.	284.2	9.5	1.01
-0.66	-57.	-0.011	95472.	284.3	9.4	1.01
-0.66	-57.	-0.011	95529.	284.3	9.4	1.01
-0.66	-57.	-0.011	95584.	284.3	9.4	1.01
-0.66	-57.	-0.011	95635.	284.3	9.4	1.01
-0.66	-57.	-0.011	95691.	284.3	9.4	1.01
-0.66	-57.	-0.011	95746.	284.3	9.4	1.01
-0.66	-57.	-0.011	95801.	284.3	9.4	1.01
-0.52	-44.	-0.011	100071.	284.3	9.4	1.01
-0.52	-44.	-0.011	100129.	284.3	9.4	1.01
-0.52	-44.	-0.011	100183.	284.3	9.4	1.01
-0.52	-44.	-0.011	100237.	284.3	9.4	1.01
-0.52	-44.	-0.011	100290.	284.3	9.4	1.01
-0.52	-44.	-0.011	100344.	284.2	9.4	1.01
-0.52	-44.	-0.011	100398.	284.3	9.4	1.01
-0.52	-44.	-0.011	100453.	284.2	9.4	1.01
-0.52	-44.	-0.011	100515.	284.2	9.5	1.01
-0.52	-44.	-0.011	100575.	284.2	9.5	1.01
-0.52	-44.	-0.011	100631.	284.1	9.6	1.01
-0.52	-44.	-0.011	100689.	284.1	9.5	1.01
-0.52	-44.	-0.011	100744.	284.2	9.5	1.01
-0.71	-61.	-0.010	166191.	285.9	7.8	1.01
-0.71	-61.	-0.010	166248.	285.9	7.8	1.01
-0.71	-61.	-0.010	166302.	285.9	7.8	1.01
-0.71	-61.	-0.010	166356.	285.9	7.8	1.01
-0.71	-61.	-0.010	166410.	285.9	7.8	1.01
-0.71	-61.	-0.010	166464.	285.9	7.8	1.01
-0.71	-61.	-0.010	166518.	285.9	7.8	1.01
-0.71	-61.	-0.010	166574.	285.9	7.8	1.01
-0.71	-61.	-0.010	166626.	285.9	7.8	1.01
-0.71	-61.	-0.010	166676.	285.9	7.8	1.01
-0.71	-61.	-0.010	166727.	285.9	7.8	1.01
-0.71	-61.	-0.010	166779.	285.9	7.8	1.01
-0.71	-61.	-0.010	166832.	285.9	7.8	1.01
-0.56	-48.	-0.007	168424.	285.4	8.3	1.01

APPENDIX I: SPECTROFLUOROMETER CHECK

This appendix discusses how the emission and excitation wavelength measurements were verified with a mercury standard and a "crossover peak" from the excitation. The emission wavelength measurement obtained from the spectrofluorometer without the glass filter was checked against a mercury vapor light. Figure I.1 and Table I.1 show a comparison of the published values of the peak wavelengths for mercury (Reader et al., 1980) to those obtained from the spectrofluorometer. The absolute difference between the measured and published wavelengths was approximately within 10 nm.

The excitation wavelength measurement obtained from the spectrofluorometer was checked with a "crossover peak" from the excitation. In other words, the excitation monochromator was set to a specific wavelength with no specimen in the sample chamber. Under these conditions, the emission intensity should peak at the excitation wavelength. The wavelength of the emission peaked at the excitation wavelength to within the resolution of the digital display (± 1 nm) for the wavelengths that were tested.

Table I.1 Calibration check of spectrofluorometer against Mercury lamp

Published[1] wavelength (nm)	Measured wavelength (nm)	Absolute difference (nm)	Relative Difference (%)
312.567	307.5	1.6	
365.015	358.7	1.9	
404.656	398.7	1.7	
435.833	427.9	2.1	
546.074	540.6	1.1	
576.960	569.8	1.4	

[1]Reader et al. (1980)

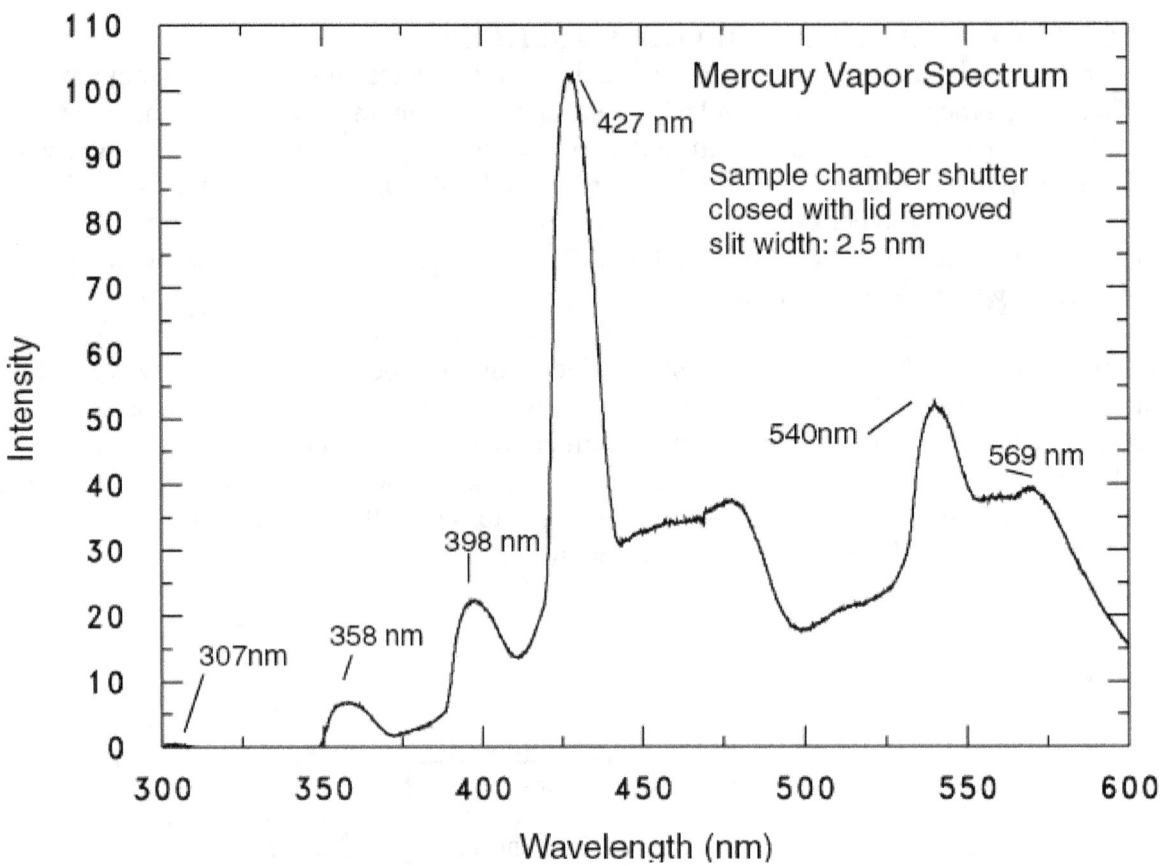

Fig. I.1 Verification of spectrofluorometer wavelength with Mercury standard

www.ingramcontent.com/pod-product-compliance
Lightning Source LLC
Chambersburg PA
CBHW081732170526
45167CB00009B/3792